Martin Werdich

Kuno Kübler

Stirling-Maschinen

Grundlagen - Technik - Anwendungen

ökobuch

Staufen bei Freiburg

Den Findern gewidmet:
James & Robert Stirling

Über Anregungen freut sich

Kuno Kübler
Leinbergerstraße 3
81735 München

Die Deutsche Bibliothek - CIP-Einheitsaufnahme

Ein Titeldatensatz für diese Publikation ist bei
Der Deutschen Bibliothek erhältlich.

ISBN 3-922 964-96-6

ISBN 3-922964-96-6

1.- 8. Auflage 1991 -2001 unter der ISBN 3-922 964-35-4
9. überarbeitete und erweiterte Auflage 2003

email: oekobuch@t-online.de
http://www.oekobuch.de/

Layout: Michael H. Müller, Badenweiler
Karikaturen: W. Wesinger, München
Druck: Druckhaus Beltz, Hemsbach

Fotos auf der Titelseite:
Oben links: Solo 161 Photo: Solo
Oben rechts: Sunmachine solar/Gas Photo: Sunmachine
Unten links: Whisper Gen® Photo: Whisper Tech Ltd.
Unten rechts: STM 4-120 Photo: STM Power

Inhaltsverzeichnis

Vorwort

Die Neuauflage dieses Buches wendet sich in allgemein verständlicher Form an den breiten Leserkreis, der sich für das Thema „Stirling-Maschinen" interessiert. Das Buch gibt eine Übersicht über Stirlingmaschinen, ihre systematische Einteilung, Anwendung und den Stand der Technik heute (2003). Es ist im wesentlichen eine Literaturrecherche, bei der auch die umfangreiche englischsprachige Literatur soweit wie möglich berücksichtigt wurde.
Ich widme diese Arbeit Herrn Willi Ried und seiner Frau, die mir nach seinem viel zu frühen Tod eine große Menge Unterlagen zukommen ließ, mit denen Herr Ried 25 Jahre lang an einer Rotationskolben-Stirlingmaschine gearbeitet hat, aber nie den erhofften Durchbruch erreichte.
An dieser Stelle möchte ich mich herzlich bei all denen bedanken, die mir durch Korrespondenz und Übersendung von Unterlagen halfen, diese Arbeit so umfassend auszuführen:
Mr. Cooke-Yarborough, Michael Novi (Joanneum), H. Aschenbrenner (PTB Braunschweig), Department of Energy, W.A. Tomazic (NASA), H. Zettner (CM), Dipl.-Ing. C. Müller, Dipl.-Ing. J. Wegener, H. Schiller (IHK), Dr.-Ing. Hörler (ETH-Zürich), A.J. Organ (Uni Cambridge), H. Carlsen (TU-Dänemark), R.M. Shaubach (Thermacore), H. Schager, H. Meschendörfer, H. Beck (ECOS), H.Vieweg (Autor), H.Viebach, Klaus Kramer (selbständig), Eckhart Weber (selbständig), Ing. P. Lista, Hubert Eckl, Ferdinand Waldkircher.

Ein ganz besonderes Dankeschön möchte ich auch folgenden Damen und Herren sagen, die mir aktiv mit Rat und Tat zur Seite standen:
dem Team von Prof. Dr. H. Krauch, Walter Arn, Dipl.-Ing. Walter Kufner, Tim Lohrmann, Dipl.-Ing. Günter Banholzer, Friedrich Munzinger, Dr.-Ing. Blumenberg, Herrn Kufner und natürlich Lars Wiese, der aktiv an der Neuauflage mitarbeitete, sowie meinen beiden Professoren, Herrn Prof. Dipl.-Ing. Benno Kirchgäßner und Herrn Dipl.-Ing. Heinz Schnell sen.

Die Überarbeitung für die vorliegende 9. Auflage war erforderlich geworden, um die Fortschritte in der Stirlingmotorentwicklung festhalten zu können (z.B. Beginn der Serienfertigung für Stirling-Blockheizkraftwerke). Diese Aufgabe wie auch die Bearbeitung der 7. Auflage im Jahr 1999 hat dankenswerter Weise Kuno Kübler übernommen.

Im Mai 2003 Martin Werdich

1 Grundlagen der Stirlingmaschinen

„Schöne Worte sind nichts, wenn keine Taten folgen.“ Dieser Satz betrifft all diejenigen, die erfinden und entwickeln, was das Zeug hält, aber über Prototypen und Veröffentlichungen nicht hinauskommen (und das sind die meisten). Die wenigsten wissen, dass über die Stirlingtechnik sehr viel bekannt ist. Es werden zur Zeit ca 100.000 Maschinen diesen Prinzips pro Jahr produziert, wobei die meisten als Kälteerzeuger arbeiten.
Der Stirlingmotor ist wohl eines der beliebtesten Objekte für Bastler und Erfinder. Nicht umsonst umfasst die Literatur, die ich für meine Diplomarbeit und dieses Buch zusammengetragen habe, professionell geschriebene Bücher ebenso wie Skizzen, Zeitungsausschnitte und Meinungen aus aller Welt. Zusammengenommen wiegt diese Sammlung etwa 120 kg. Um am Ende zu einer möglichst objektiven Einschätzung zu kommen, war es notwendig, nicht nur diese umfangreiche und oft verwirrende Literatur, sondern auch das Nichtgeschriebene, die Meinung von Erfindern, Bastlern und Ingenieuren zu hören und zu verarbeiten.
Die Bezeichnung *Stirlingmotor* ist ein Sammelbegriff für die vielfältigen Varianten derjenigen Motoren bzw. Wärmekraftmaschinen, bei denen der Stirlingprozess (Kapitel 1.3.3) noch erkennbar ist.

1.1 Die geschichtliche Entwicklung

Rev. Robert Stirling D.D., der Erfinder des Stirlingmotors

Die Entwicklungsgeschichte der Stirlingmaschine zu schreiben gleicht der Aufgabe, ein „unendliches Puzzle“ zu einem vollständigen Bild zusammenzusetzen. Das kann jedoch kaum vollständig gelingen, denn sehr viele Ideen gingen unter, ohne je veröffentlicht zu werden. Andere Neu- oder Weiterentwicklungen und Erfindungen wurden ein paarmal gemacht, manchmal auch zur gleichen Zeit. Darüber hinaus war es mir nicht möglich, an verschiedene Literatur heranzukommen, da doch einiges gehütet oder nicht offiziell vertrieben wird. Häufig war auch die Fernleihe nicht in der Lage, die gewünschten Texte zu beschaffen.

Um die Gegenwart zu begreifen und eine vernünftige Stirlingmaschine nach dem Stand der Technik bauen zu können, ist es notwendig und sinnvoll, die Entwicklungsgeschichte zu kennen, aus ihr zu lernen und auf ihr aufzubauen. Dabei ist die Geschichte des Stirlingmotors mit der Geschichte der Thermodynamik und der Werkstoffentwicklung so eng verbunden, dass diese nicht unabhängig voneinander beschrieben werden können.

An Stelle einer ausführlichen, verwirrenden Erzählung sind die wichtigen Stationen und Fakten in den beiden folgenden Tabellen übersichtlich zusammengestellt.

Tabelle 1: Entwicklungsstadien des Stirlingmotors nach Jahreszahlen geordnet

1690	Denis Papin entwickelt seine Dampfmaschine für Pumpen.
1712	Thomas Newcomen verbesserte die Dampfmaschine nach dem Vorbild Papins.
1765	James Watt konstruiert die Form der Dampfmaschine, die in der Folgezeit breiteste Anwendung findet.
1807	Eine Heißluftmaschine, ‚Feuerluftmaschine' genannt, wurde von Sir George Cayley vorgestellt.
1816	Patentanmeldung der ersten Stirlingmaschine und des ‚Economizers' (Regenerator) durch Robert Stirling.
1818	Die erste nach dem Stirling-Prinzip arbeitende Heißgasmaschine wird fertiggestellt (für Wasserpumpen-Antrieb).
1821	Bresson entwickelt in Frankreich eine Feuerluftmaschine.
1824	Sadi Carnot veröffentlicht den ‚Carnotprozess'.
1826	Ericsson erhält das Patent auf seine kalorische Maschine.
1827	Die in Zusammenarbeit mit seinem Bruder, Ing. James Stirling, verbesserte Heißluftmaschine, wird patentiert.
1828	Parkinson und Crossley entwickeln wie auch Stirling einen geschlossenen Stirlingmotor.
1834	John Herschel entdeckt erstmals die Fähigkeit des Stirlingmotors, Kälte zu erzeugen, wenn er angetrieben wird.
1840	Robert Mayer berechnet das mechanische Wärmeäquivalent.
1843	James Prescott Joule formuliert den Energieerhaltungssatz.
1843	Stirling baut seine erfolgreichste Maschine.
1844	Andraud baut die Heißluftmaschine in eine Lokomotive ein.
1853	C.L. Franchot erfindet den doppelt wirkenden 2-Zylinder Stirlingmotor.
1853	Die größte Heißluftmaschine wird in den USA von dem Schweden Ericsson gebaut
1853	W.E. Newton patentiert das Prinzip des doppeltwirkenden Motors.
1853	Siemens veröffentlicht die erste wissenschaftliche Arbeit über die Wichtigkeit des Regenerators.
1854	Professor Rankine und J.R. Napier patentieren eine verbesserte Heißluftmaschine.
1858	Ericsson baut einen sehr erfolgreichen Industriemotor.

1860	Lenoir bringt den Gasmotor heraus, der immer mehr Anhänger findet.
1861	Die Laubereaumaschine von Schwartzkopf kommt auf den Markt.
1863	Sir Wilhelm Siemens erfindet einen doppeltwirkenden Vierzylinder-Stirlingmotor mit Taumelscheibe.
1868	Lehmann baut die damals erfogreichste Heißluftmaschine mit geschlossenem Kreisprozess (bis 1877 baute er ca. 1000 Stück).
——	Sir W.H. Baley & Co. produzierten von 1860 - 1908 viele Lehmann'sche- und zweizylindrige Stirlingmaschinen, bei denen Arbeits- und Verdrängerkolben getrennt waren.
1870	Schmidt baut eine Wasserpumpe nach Papins Vorbild.
1872	Ericsson baut seinen ‚Sonnenmotor'. Die Stirlingmaschine war dabei von einem Parabolspiegel umgeben (siehe Abbildung auf dem Titel).
1873	Prof. Edmund Reitlinger verallgemeinerte den Carnot-Prozess.
1874	Hook baut einen Heißluftmotor nach Papins Vorbild.
1876	N.A. Otto baut seinen Viertaktmotor.
——	Zwischen 1877 und 1895 verkauft A.K. Rider aus Philadelphia etwa 1000 seiner Motoren. Diese hatten einen heißen und einen kalten Zylinder mit je zwei Kolben; sie waren mit einem Regenerator ausgerüstet, hatten aber zuviel Totraum (doppeltwirkender Motor).
1877	Stenberg aus Dänemark bringt seinen ‚Calorisca' - Motor heraus (Lehmanns Design, aber ein geändertes Triebwerk). Gebaut wurde dieser Stirlingmotor von den Gebr. Sachsenberg in Roßlau.
1878	Van Rennes bringt seinen Motor auf den Markt.
1878	Hock baut einen Feuerluftmotor (offener Motor).
1883	G. Daimler und W. Maybach patentieren den ersten Fahrzeugmotor.
1884	Heinrici bringt einen Stirlingmotor mit bis zu 1PS Leistung in Produktion.
1888	Benier's (Frankreich) Konstruktionen werden auch in Deutschland gebaut.
1894	H. Lorenz baut eine Kühlmaschine.
1895	Der Siegeszug der Elektromotoren beginnt.
——	Zwischen 1895 und 1914 werden von A.E. & H. Robinson & Co. mehrere Tausend der ‚Robinson-Maschine' verkauft (Arbeits- und Verdrängerkolben laufen dabei senkrecht, ohne Regenerator, zueinander).
1896	R. Diesel baut seinen Motor.
1896	Die Crossley Company hat Patentrechte an Ottos 2. Maschine und führt diese weiter aus.
1907	O. Ringbom meldete in den USA einen Hybrid-Stirlingmotor zum Patent an.
1918	Rudolph Vuilleumier erhält ein Patent für einen neuartigen Prozess zur Erzeugung von Kälte.
1927	Malone baut in England mehrere Stirlingmaschinen, die mit Wasser als Arbeitsmedium laufen. H_2O wird expandiert und komprimiert (Spitzendrücke 78 bar, Mitteldruck 14 bar).
1938	Wiederbelebung des Stirlingmotors in den Forschungslaboratorien der N.V. Philips Gloeilampenfabriken in Eindhoven (R.J. Meijer).

1946	Der Philips Stirling-Stromgenerator ist fertig.
1949	Van Weenan (Philips) erfindet den ‚Siemensmotor' das zweite Mal.
1953	- Erfindung des Rhombentriebwerks. - W.E. Newton patentiert das Prinzip des doppeltwirkenden Stirlingmotors.
1955	Die Gaskältemaschine von Philips wird serienreif. Sie wird heute noch hergestellt.
1958	Philips erteilt Lizenzen an General Motors (1969 wird erfolgreich ein 500 Stunden-Test durchgeführt; General Motors beendet 1970 unerwartet die Aktivitäten.).
1959	Finkelstein und Polanski erfinden den ‚Franchot-Stirlingmotor' das 2. Mal.
1962	William T. Beale beginnt mit den Freikolben-Stirling-Motoren an der Ohio University in Athens, Ohio, USA.
1967	Philips erteilt Lizenzen an die Entwicklungsgruppe MAN/MWM (MWM beendet 1989 die Aktivitäten).
1967	Martini baut nach Papins Prinzip und verwendet als Arbeitsgas Helium und Argon.
1968	United Stirling AB in Malmö (USAB) nimmt die Entwicklungsarbeit auf.
1972	Philips erteilt Lizenzen an die Ford Motor Company (Ford beendet 1978 die Aktivitäten).
1978	Horace Rainbow konzipiert die Pendel-Stirlingmaschine.
1980	Ivo Kolin erfindet den sehr einfach nachzubauenden und für Niedertemperatur geeigneten Flachplatten-Stirlingmotor.
1983	Sanden Co. baut einen „Z-Typ", der mit Biomasse (der Brenner muss von oben nach unten funktionieren) in ländlicher Gegend eingesetzt werden kann.
1984	Prof. Senft erfindet einen weiteren Niedertemperatur-Stirlingmotor, der mit nur 7°C Temperaturunterschied läuft.
1985	McDonnell Douglas verhandelt mit United Stirling um Exklusivrechte und baut mit deren Stirlingmaschine einen solarbetriebenen Motor, der am Brennpunkt eines Spiegels angeordnet ist und mit 1430°C arbeitet.
1985	Ivo Kolin baut den Flachplattenmotor, der mit drei Hauptelementen arbeitet (Bauanleitung im Anhang).
1989	Eckhart Weber baut die ersten leistungsfähigen Niedertemperatur-Stirling-Wasserpumpen und bekommt dafür den Deutschen Erfinderpreis.
1990	Prof. Senft bricht mit seinem Niedertemperatur-Stirlingmotor alle Rekorde. Diese Maschine läuft bereits mit 0,5°C Temperaturunterschied.
1991	Bomin Solar entwickelt in Kooperation mit Ecker und TEM-Schweden einen Freikolben-Stirlingmotor, der mit Helium als Arbeitsgas bei 10-50 bar Arbeitsdruck arbeitet.
1993	D. Schager entwickelt und baut den kleinsten Stirlingmotor (Länge = 19,5mm; Breite = 9mm; Höhe = 9,5mm; n = 7000 U/min; Masse = 0,5g; längste ununterbrochene Betriebszeit: 62,5 min)
1994	Fa. Solo entwickelt den V160 (9 kW_{el}) zum Solo 161 Nachfolgemodell (BHKW und Solarversion)
1995	Fa. Saarberg beginnt mit der Entwicklung des ST 20/1
1996	T. Lohrmann: Prototyp LS 1-100 entsteht
1996	S. Viebach baut den Prototyp STB-393

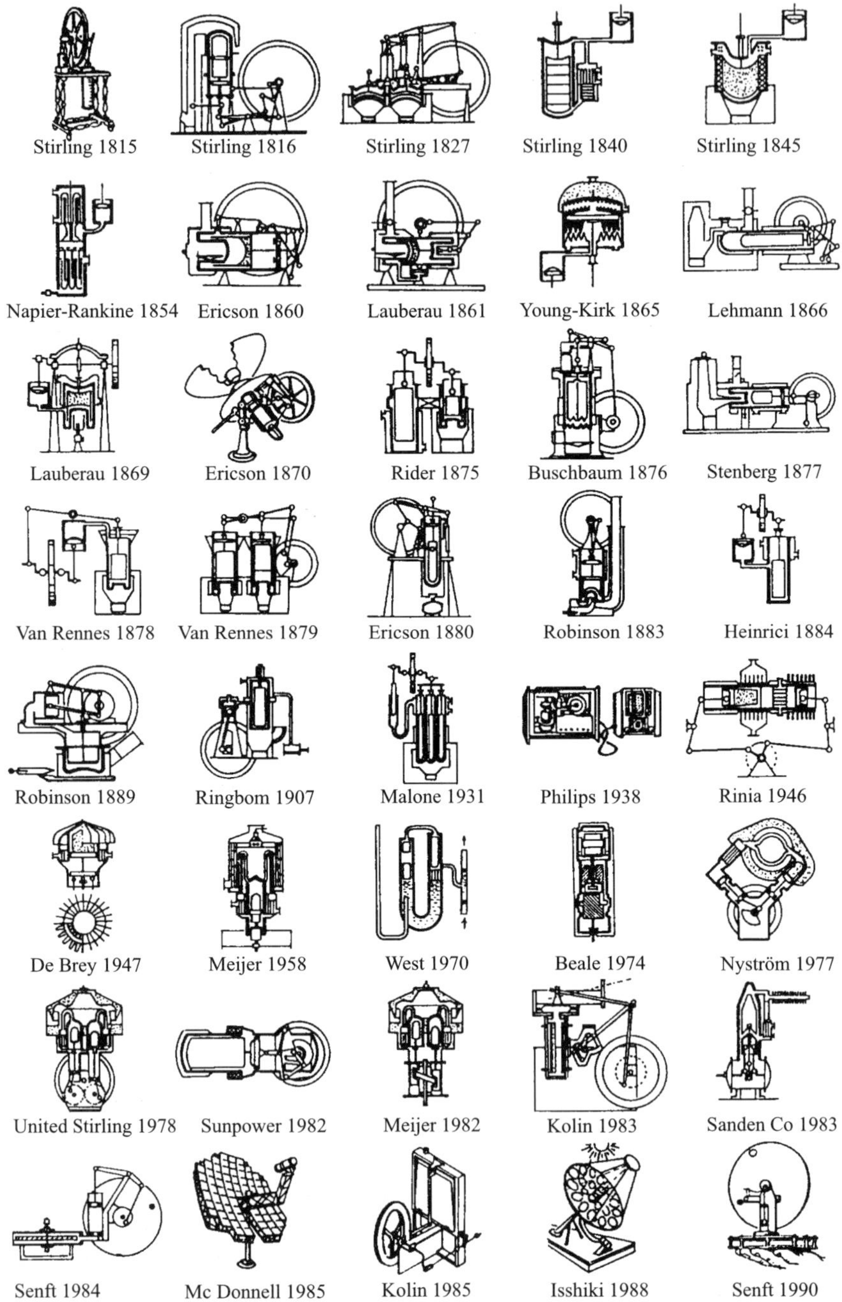

Abb. 1: Bauformen des Stirlingmotors.

1997	Fa. Whisper Tech in Neuseeland beginnt mit dem Bau von 20 Maschinen (800 W_{el})
1998	Fa. Solo startet die 2. Phase des Feldversuchs mit 14 Maschinen
1998	Fa. Heidelberg nimmt in München zwei 40 kW Pilotanlagen in Betrieb
1998	Fa. Moch beginnt mit der Entwicklung eines Kleinst-BHKW (200 W)
1998	D. Viebach hat den Gussteilesatz des ST 05 G bereits über 80mal in alle Welt verkauft
1998	Mayer & Cie. startet mit der Entwicklung von 5 Prototypen LG 1-100
1999	SOLO Kleinmotoren: Präsentation des serienreifen Stirling-Modul 161
2000	EPAS GmbH: Abschluss der Entwicklungsphase des S 400 und BM 1000
	BSR Solar Technologies: Entwicklung des Sunpulse, einer solaren Stirling-KWK-Anlage mit thermochemischem Speicher (24 h-Betrieb)
2001	Sunmachine: STA 520-25 als Solar-Dish und als Gas-BHKW für Feldtest einsatzbereit
	Powerbloc: Wiederaufnahme von Langzeittests des SEM
	SOLO Kleinmotoren: Produktion von 20 Stück des Stirling-Modul 161
	STM Power produziert 50 Stück STM 4-120 (25 kW)
2002	Joanneum Research: Einbau eines 30 kW_{mech}-Stirlingmotors in ein Biomasse-Fernheizwerk
	Victron Energy (NL) hat im Januar bereits 150 Stück WhisperGen verkauft. Im März sind weltweit 620 Stück WhisperGen von Whisper Tech (NZ) im Einsatz
2003	TB Kocsisek entwickelt β-Stirling mit Rollhebel-Kulissen-Kurbeltrieb
	Sunmachine stellt das Modell des ersten selbstanlaufenden Solarstirling vor

Weltweit arbeiten heute über 100 Firmen, Universitäten und andere Forschungseinrichtungen an der Entwicklung und Verbesserung der Stirlingmaschinen und deren Anwendungen. Ein Verzeichnis der mir bekannten Adressen befindet sich am Ende des Buches in Kapitel 9.3.
In der folgenden Tabelle sind die den Verfassern bekannt gewordenen Stirlingmotoren mit ihren technischen Daten (erreichte Leistungen, Wirkungsgrade usw.) zusammengestellt. Alle diese Motoren wurden gebaut und mehr oder weniger erfolgreich getestet.

Tabelle 2: Technische Daten bisher gebauter Stirlingmotoren

Zeit	Hersteller	Leistung kW	Drehzahl U/min.	Bezeichnung, Einsatzgebiet, Aufladung, Wirkungsgrad und sonstige Merkmale
1852	Ericsson	220_{mech}	9	Schiffsantrieb (aber zu schwer), 4-Zylinder mit je 4,2 m Durchmesser, Hub = 1,5 m
1860	Ericsson	1,5		erfolgr. Industriemotor, 3000 Stk. produziert
1860	Mf. Bruckau	0,5	54	Ericsson-Motor, Verbrauch: 6 kg Kohle/h
1868	Lehmann	0,75	100	Verbrauch: 5 kg Kohle/h, 200 l Wasser/h

Zeit	Hersteller	Leistung kW	Drehzahl U/min.	Bezeichnung, Einsatzgebiet, Aufladung, Wirkungsgrad und sonstige Merkmale
1876	Rider	0,8		2-Zylinder, einfachwirkender Motor
1894	Bailey	1_{mech}	106	1-Zylinder, einfachwirkender Motor
1914	Robinson	0,5		2-Zyl., einfachw. Motor in V-Anordnung
1925	Heinrici	0,04	180 -350	Verbrauch: 0,15 m^3 Leuchtgas/h
1938	Philips	$0{,}2_{el}$	1.500	Bezeichnung: 102C, 1-Zylinder-Motor mit Generator für Radiobetrieb
1944	Philips	4_{mech}	3.000	Testmaschine mit Taumelscheibentriebwerk, Arbeitsgas Luft (4 bar), niedrig. Wirkungsgrad
1953	Philips	$0{,}2_{el}$		Einfachw. 1-Zyl.-Motor, Arbeits- und Verdrängerkolben in einem Zyl., 38% Wirkungsgrad, Rhombentriebwerk, mit Gen. für Radiobetrieb
1958	Ericsson	1,3		in USA erfolgreicher Industriemotor
1959	Philips	2_{mech}	2.500	1-Zylinder-Motor mit Rhombentriebw., wurde in 10 m Motoryacht eingebaut u. lief bis 1977
1964	Philips	290_{mech}	1.500	4-Zyl.-Motor mit Rhombentriebw., einige Expl. in Werkspore geb., Auslief. an die US-Marine
1964	Philips	147_{mech}	1.500	4-Zyl.-Motor horiz. in Reihe, Rhombentriebw., wurde in DAF-Bus und MAN-Bus eingebaut
1964 - 68	GM	268_{mech}		Bezeichnung: V-8, einfachwirkender 4-Zylinder-Motor mit Kurbeltriebwerk
1965	Philips	85_{mech}	300	Bezeichnung: 4-235, Boxermotor mit 41% Wirkungsgrad, Marineeinsatz
1965	GM	6_{el}	3.000	Bezeichnung: GPU 3, einfachw. 1-Zyl.-Motor mit Rhombentriebwerk, 22% Wirkungsgrad, Generator für Militäranwendungen
1968	Philips	$7{,}36_{mech}$	3.000	Bezeichnung: 1-98, Versuchsmotor mit Rhombentriebwerk, einfachw., Wirkungsgrad 29,2% (2.000 U/min); 27,6% (3.000 U/min)
1968	Philips	$74{,}5_{mech}$	1.500	Bezeichnung: 4-235, 4-Zyl.-Versuchsmotor (4 Kolben, 4 Verdränger) mit Rhombentriebw., einfachwirkend, 30% Wirkungsgrad
1968	USS	147_{mech}	3.000	Bezeichnung: 4-235, 800 kg Gewicht, Arbeitsmedium: Helium, aufgel. mit 215 bar
1968	GM	265_{mech}		4-Zylinder-Motor
1969	GM	168_{mech}	2.100	Bezeichnung: 4L23, doppeltwirkender Motor mit Kurbeltriebwerk, Wirkungsgrad: 30% bei 2.100 U/min, 32% bei 1.400 U/min
1969	Beale	$0{,}1_{el}$		Generator, Freikolbenmaschine

Tabelle 2: Technische Daten bisher gebauter Stirlingmotoren

Zeit	Hersteller	Leistung kW	Drehzahl U/min.	Bezeichnung, Einsatzgebiet, Aufladung, Wirkungsgrad und sonstige Merkmale
1968 - 70	MAN/MWM	$7{,}4_{mech}$	3.000	Bezeichnung: 1-98, einfachw. Versuchsmotor mit Rhombentriebwerk, Wirkungsgrad 29,2% bei 2.000 U/min, 27,5% bei 3.000 U/min
1968	MAN/MWM	22_{mech}	1.500	Bezeichnung: 1-400, Versuchsmotor wie vor, 32% Wirkungsgrad bei 1.000 U/min, 28,2% bei 1.500 U/min
1971	MAN	75_{mech}	1.500	Bezeichnung: 4-400, Versuchsmot., 4-Zyl. in Reihe, 29,6% Wirkungsg.; 32% bei 900 U/min
1971	Univ. of Calgary	$0{,}2_{mech}$	600	Bezeichnung: Chipewyan-Ste, für Navigationsbojen geb., einfachw. 1-Zylinder-Motor, ähnlich 102C, 1 Jahr Lebensdauer
1970 - 72	USS	150_{mech}	700	Bezeichnung: 4-615; U-Boot, City-Bus; einfachw. Mot. mit Rhombentriebwerk, außenluftunabhängig, 42% Wirkungsgrad
1972	Ward	$0{,}48_{el}$	1.400	Verbesserter 102C von Philips mit Wasserkühlung als Generator-Set für ausführl. Tests
1972	Ford	125	4.000	PKW, 4-Zyl.-Mot. (je 215 cm^3), Taumelscheibentriebwerk, Arbeitsmedium Wasserstoff, 200 bar
1973 - 75	USS	40_{mech}	4.000	Bezeichnung: P40 (4-95), PKW, doppeltw., ringförmige Anordn. der Zylinder, 2 Kurbelwellen, 32% Wirkungsgrad, 26% bei 2.000 U/min
1973 - 75	wie vor	75	2.400	Bezeichnung: P75 (4-275), PKW, 32% Wirkungsgrad, Aufbau wie vor
1974	Harwell	$0{,}25_{el}$	106 Hz	Thermomechanischer Freikolben-Generator
1975	Sunpower	1		Bezeichnung: RE-1000, FreikolbenTestmotor
1975	USS	70_{mech}	2.500	Bezeichnung: P150 V4; Marine, PKW, Indust.; doppeltw. Mot. mit Kurbeltriebw., Wirkungsg. 32,5% bei1.400 U/min, 29% bei 2.500 U/min
1976	MAN	200_{el}	900	Bez: 6-1400 DR, doppeltw. Versuchsmot. mit Kurbeltriebw., 6 Zylinder in Reihe
- 1977	Ford	90_{mech}	5.400	Bezeichnung: 4-98, PKW, doppeltwirkend, 4 Zylinder Kreis, Schiefscheibentriebwerk
- 1977	Ford	183_{mech}	4.000	Bezeichnung: 4-215, Einsatz im Ford Torino, Aufbau wie vor, 39,4% Wirkungsgrad
1978	General Electric	18,9		Bezeichnung: SGPTE, Testmaschine, Wirkungsgrad 38%, einfachw. 2-Zyl.-mot. mit 2 Kolben
1978	Sunpower			Duplex-Freikolbenmotor (Vuilleumier-Prinzip)
1978	MTI	60_{mech}		Bezeichnung: MOD 1A, Bauart wie P 40, 36,8% Wirkungsgrad, Leistungsgewicht: 6,3 kg/kW, Erhitzertemperatur: 820°C
1978	Sunpower MTI	1,2	30 Hz	32% Wirkungsgrad, Arbeitsmedium Helium, aufgeladen mit 70 bar

Zeit	Hersteller	Leistung kW	Drehzahl U/min.	Bezeichnung, Einsatzgebiet, Aufladung, Wirkungsgrad und sonstige Merkmale
1979	Sunpower			Bezeichnung: M100, Pumpe, Freizylindermotor
1980	Aisin	52_{mech}	2.500	Bezeichnung: MT79, erfolgr. 1000 h Test, Gew.: 190 kg, Schiefscheibentriebw., Wirk.-grad 31% (700 U/min), max. Drehm.: 294 Nm (500 U/min)
1981	MDE	7,5	2.000	Bezeichnung: 2R70, Labormaschine (Buffer-Test), einfachwirkender 2-Zylinder-Motor (Alpha-Typ), Arbeitsgas Helium bei 150 bar
1984	A.Ross	0,027	1.500	Bezeichnung: C 60; Modell, 2-Zylinder, 2 bar, Ross-yoke-Getriebe, Erhitzertemp. 330°C
1984	NKA	3	600	für Öko-Haus, einfachw. 2-Zyl.-Mot. mit Rhombentriebw., Arbeitsgas Luft bei 31 bar, Holzfeuerung (450°C Erhitzertemp., 50°C Kühlmed.)
1985	STM	40	2.800	Bezeichnung: STM4-120, Testmotor, externe Heizung, auch für U-Boot-Antrieb
1985	RHB	$0{,}36_{mech}$	170-360	Martini-Ringbom-Stirlingmot., Testmot., Arbeitsgas Luft (3 bar), 15% Wirkungsg., 600°C Erhitz.
1985	Sunpower	4	720	Bezeichnung: Rice husk, 1-Zylindermotor mit Luft als Arbeitsgas bei 8 bar, Erhitzer 520°C, Kühlmedium-Temperatur: 77°C
1985	Mitsubishi	$4{,}74_{mech}$		Bezeichnung: NS03M, 31,5% Wirkungsgrad, 130 kg Gew., Arbeitsmed. Helium bei 60 bar, Erdgasheiz. mit 650°C Erhitzertemp. und 50°C Kühlung; 100 h Lebensdauer, NO_x = 400 ppm
1985	Toshiba	$3{,}46_{mech}$	150	Bezeichnung: NS03T, 31,1% Wirkungsgr., 180 kg Gew., 2-Zyl.-Mot. mit Arbeitsmed. Helium (40 bar), Erdgasheiz. m. 800°C Erhitzertemp. und 35°C Kühlung; 100 h Lebensdauer, NO_x
1985	Aisin	31_{mech}	500 - 1.500	Bezeichnung: NS30A, 33,8% Wirkungsgrad, 250 kg Gew., 4-Zyl.-Mot. mit Schiefscheibentriebw. und Arbeitsmedium Helium (120 bar), Erdgasheiz. mit 750°C Erhitzertemp. und 50°C Kühlung; 450 h Lebensdauer, NO_x
1985	Sanyo-Tokyo	34_{mech}		Bezeichnung: NS30S, 29,5% Wirkungsgrad, 300 kg Gewicht, Arbeitsmedium Wasserstoff/ Helium, Erdgasheizung,750°C Erhitzer 50°C Kühlung; 450 h Lebensd., NO_x = 400 ppm
1985	R., F.	0,12	55	Kolin-Flachplattenmotor, wasserbeheizt
1986	Wuhan		1.400	Bezeichnung: W-2R75, 2-Zylinder-Testmotor mit 2 Kolben, Arbeitsgas Stickstoff (5 bar), 700°C Erhitzertemp., 50°C Kühlmedium
1986	Berks.	0,5	660	Testmotor mit Wärmerohr (60 kW), Arbeitsmedium Helium (3 bar)

Zeit	Hersteller	Leistung kW	Drehzahl U/min.	Bezeichnung, Einsatzgebiet, Aufladung, Wirkungsgrad und sonstige Merkmale
1986	MLI	4_{mech}	300 - 1.500	Bezeichnung: Melse III, doppeltwirkender 3-Zylinder Motor mit 2 Kurbeltriebwerken, Arbeitsgas Helium (16 - 49 bar), 600°C Erhitzertemperatur, 60°C Kühlmedium
1986	STI	3_{el} $4{,}75_{mech}$	650	Bezeichnung: ST 5, als 3. Welt-Motor bis 1989 in Indien in Serie gebaut, einfachwirkender 1-Zylinder Motor mit Arbeitsgas Luft (5 bar), 650°C Erhitzertemperatur
1986 - 87	MTI	56_{mech}	4.000	Bezeichnung: Mod I, Air Force Van (Test), 2 x 500 h - Test, v = 73 km/h, Wasserstoff, 0 - 48 km/h in 10,5 s
1987	Sunpower	$0{,}1_{el}$	32 Hz	Bezeichnung: Sp 100, 12 kg Gewicht, Arbeitsgas Helium (18 bar), 650°C Erhitzertemp., 50°C Kühlmed., 1000 h Lebensdauer
1987	NMC	0,2		für Modellflugzeug, Gewicht: 300 g
1987 - 88	MTI	$57{,}5_{mech}$	4.000	Mod I verbessert, Verbrauchs- und Klimatests im Air Force Pickup-Truck
1988	MTI	43_{mech} (60)	3.500	Bezeichnung: Mod II, für Postlieferwagen, doppeltwirkender 4-Zylinder-Motor in V-Anordnung, Arbeitsgas Wasserstoff, 42% Wirkungsgrad, Leistungsgewicht: 3,34 kg/kW, Ziel der ASE-Prüfung erreicht
1988	Ni,TG,TE	1_{mech}		Bezeichnung: TNT-1, im Test; einfachwirkender Motor mit Kurbeltriebwerk und transparentem Zylinderkopf aus Quarzglas als Receiver für Solar-Spiegel-Systeme
1989	Kufner	0,1	300	Bezeichnung: KF 50 HT, Arbeitsgas Luft, 75 kg Gewicht, 500°C Erhitzertemperatur, 80°C Kühlmedium, für Brennstoffe Holz, Biomasse, ...
1989	SPS	15	3.600	Bezeichnung: V160, noch Versuchsmotor, 2-Zylinder-Motor (α-Typ) in 90°-V-Anordnung, 100 kg Gewicht
1991	Uni Kassel	10	1500	Bezeichnung: KSM1, Arbeitsgas Helium bei 100 bar Arbeitsdruck, α-Konfiguration, variabler Phasenwinkel und Kühlerraum
1991	Ni,TE	0,2	500	Bezeichnung: NAS-1, Arbeitsgas Luft bei Umgebungsdruck, wassergek., solarbetr.
1992	Sunpower	0,3	60 Hz	Bezeichnung: 300 W FPSG, Arbeitsgas Helium bei 17 bar Arbeitsdruck, β-Konfig.
1993	Na,Mi	$0{,}3_{el}$	30 Hz	Bezeichnung: NALSEM 500, Freikolben, mit Linear-Alternator

Tabelle 2: Technische Daten bisher gebauter Stirlingmotoren

Zeit	Hersteller	Leistung kW	Drehzahl U/min.	Bezeichnung, Einsatzgebiet, Aufladung, Wirkungsgrad und sonstige Merkmale
1993	Carlsen	10_{el}	1550	Bezeichnung: SM1, β-Konfiguration, max. Gesamtwirkungsgrad 26 %, 300 kg Gewicht, 8,5 bar Druck
1993	Ni,TG,TE	1_{mech}	1000	Bezeichnung: TNT-2, einfachw. Motor mit Kurbeltriebwerk für Solar-Spiegel-Systeme
1993	Clucas	0,2	1500	Bezeichnung: DMC3, 4-Zylinder doppelt-wirkend, Arbeitsgas Luft bei 10 bar Arbeitsdruck, Taumelscheibe
1993	Ecker	2,7	3100	Bezeichnung: 1-75, Helium, 40 bar
1993	LEI	2,5	1500	2-Zylinder-Motor (α-Typ) in 90°-V-Anordnung, Arbeitsgas Luft, 12 bar, 600°C Erhitzertemp.
1993	Rix	0,5	5000	Bezeichnung: SM4, Rhombengetriebe
1993	Ni,TE	0,2	500	Bezeichnung: NAS-2, Arbeitsgas Luft bei Umgebungsdruck, wassergek., solarbetr.
1993	Joanneum	0,6		90° V-Alphamotor aus Ducati 700 umgebaut Totraum=2400 ccm, Aufladung 50 bar
1993	Viebach	0,3	500	Gamma-Typ, Luftdruck 10 bar, wassergekühlt Gewicht ca. 27 kg
1994	Weber	$0{,}1_{mech}$	60	Bezeichnung: Sunwell 100, Arbeitsgas Luft bei Umgebungsdruck (NT-Solarstirling)
1994	Kufner	0,1	300	Bezeichnung KF 2-100, Arbeitsgas Luft bei Umgebungsdruck, wassergekühlt
1994	Kramer	$0{,}1_{el}$		10 kg Gewicht, Arbeitsgas Luft bei 6 bar Hubraum 150 cm^3, 90°-V-Motor
1994	Uni Kassel	800 W		Forschungsbericht i.A. des BMBF
1994	Solo	9 kW_{el}	1500	Solo 161 Nachfolgemodell des V160 entsteht (BHKW und Solarversion)
1995	Uni GHS			Entwicklung einer Kältemaschine für Temperaturen unter -40°C
1995	Saarberg	20 kW_{el}	1500	Beginn der Entwicklung des ST 20/1
1996	Lohrmann	2,5 kW_{mech}	1524	Prototyp LS 1-100 entsteht
1996	DLR	10 kW		Hybrider Natrium Heat Pipe Receiver für SOLO 161F
1996	Uni BW	200 W		Vermessung eines NT-StM nach Weber
1996	S. Viebach	1 kW	750	Prototyp des STB-393
1997	S. Viebach	3 kW		Entwicklungsauftrag für 3 kW Maschine
1997	Bomin Solar jetzt: BSR Solar Technol.	120 W hydraul. nutzbar	20	Bezeichnung: Sunpulse Water, einfachwirkender β-Motor, fremderregter oder diskontinuierlicher Kurbeltrieb, Einsatz: Wasserpumpen
1997	Sigma	3 kW_{el}	1600	Vorbereitung der Markteinführung des PCP 1-130 GP (Basis TEM/SCP)

Zeit	Hersteller	Leistung kW	Drehzahl U/min.	Bezeichnung, Einsatzgebiet, Aufladung, Wirkungsgrad und sonstige Merkmale
1997	Whisper	800 W_{el}		Feldtest mit 20 Anlagen angelaufen
1997	Weber	500 W	600	Solarversion des ST 05 G
1998	Solo	9 kW	1500	2. Phase des Feldversuchs mit 14 Maschinen
1998	Heidelberg	40 kW		Pilotanlagen in München im Testbetrieb
1998	Moch	200 W	1000	Entwicklung eines Kleinst-BHKW
1998	Viebach	0,5	500	ST 05 G-Gussteilesatz über 80mal verkauft
1998	Mayer & Cie.	2 - 3 kW	1520	Bezeichnung: LG 1-100; Beginn der ersten Entwicklungsphase
2000	SOLO	2-9 kW_{el}		Präsentation des serienreifen Stirling-Modul 161
	TU of Denmark	35 kW_{el}	1015	Test einer Biomasse-Laboranlage
2001	EPAS	400 W_{Peak}	500	Abschluss Entwicklungsphase des S 400
		1000 W	680	Abschluss Entwicklungsphase des BM 1000
	Whisper Tech	3 kW_{el}		Bau eines Prototypen
	TU of Denmark	9 kW_{el}	1020	Test einer Biomasse Laboranlage
2002	powerbloc	1,1 kW_{el}		Wiederaufnahme d. Langzeittests d. SEM
	SOLO	2-9 kW_{el}	1500	Produktion des Stirling-Modul 161 (20 Stück)
	BSR Solar Techno-logies	1 kW_{el} 10 kW_{therm}	60 (Stirling) 1500 (Hydraulik)	Bezeichnung: Sunpulse, einfachwirkender β-Motor, fremderregt, Hydraulische Leistungs-auskopplung, Einsatz: solare Stromerzeugung mit thermochemischem Speicher (24 h- Betrieb)
	Joanneum Research	30 kW_{mech}	633	Bau eines Biomasse Stirlingmotors für ein Fernheizwerk
	STM Power	25 kW		Bau von 50 Stück (Beta-Version)
2003	Sunmachine	2 kW_{el}	400-900	Vorbereitung von HT-Stm für Feldtest
		80-100 W	50-60	Auslegung von NT-Stm als Serienmodell
	Mayer & Cie.	2 - 3 kW	1520	Bezeichnung: LG 1-100; Beginn der zweiten Entwicklungsphase
	BSR Solar Techno-logies	5 kW_{el} 10 kW_{therm}	60 (Stirling) 1500 (Hydraulik)	Bezeichnung: Phoenix, doppeltwirkender β-Motor, fremderregt, hydraulische Leistungs-auskopplung, Einsatz: Kraft-Wärme-Kopplung,
	MicroGen	1,1 kW		Mikro-KWK im Feldtest

Tabelle 2: Technische Daten bisher gebauter Stirlingmotoren

Die Bezeichnungen deuten häufig auf die Bauart des Motors hin, so bedeutet z.B. 2-400, dass dieser Motor 2 Zylinder mit je 400 ccm Hubraum hat.

Nähere Angaben zu Herstellern und den verwendeten Abkürzungen finden sich im Verzeichnis der Kürzel (Kapitel 9.1).

1.2 Das Funktionsprinzip des Stirlingmotors

Es gibt sehr viele verschiedene Prinzipien, den idealen Stirlingprozess zu realisieren. Mindestens ebenso viele Antworten gibt es auf die Frage, wie wohl ein „Stirlingmotor“ funktioniert. Ich zeige hier eines der einfachsten Modelle auf, damit möglichst jeder dieses Prinzip versteht; denn viele Menschen sind, wenn sie diesen Motor laufen sehen, überrascht, dass er tatsächlich läuft – hören kann man ihn ja kaum.

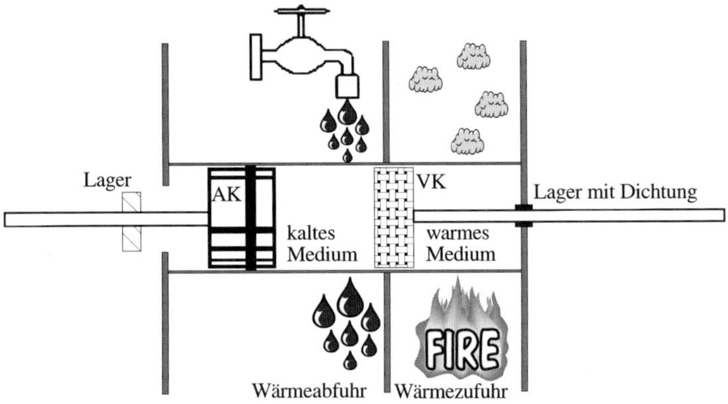

Abb. 2: Einfaches Modell zur Funktion des Stirling-Motors.
AK → Arbeitskolben
VK → Verdrängerkolben mit Regenerator

Wird der Verdränger nach rechts bewegt (Abb. 3), so muss das heiße Medium (Arbeitsgas) durch den Regenerator in den kalten Raum. Das Medium gibt zunächst viel von seiner Wärme an den Regenerator ab. Danach kühlt es sich im gekühlten Raum weiter

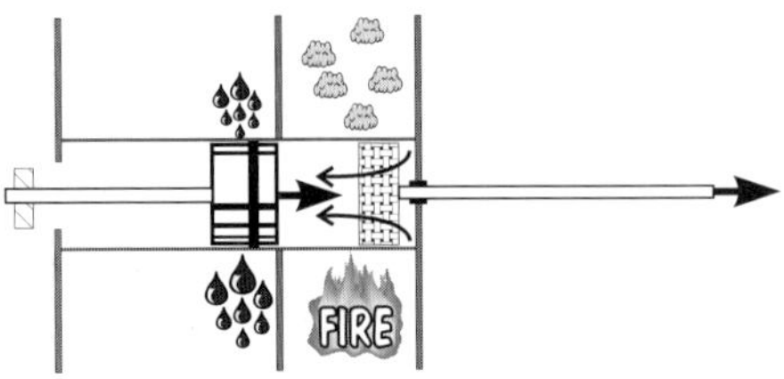

Abb. 3: Kompressionsphase.

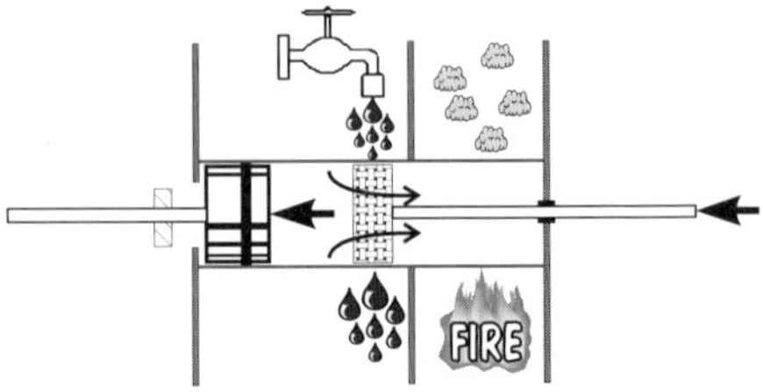

Abb. 4: Expansionsphase.

ab. Durch die Abkühlung vergrößert sich die Dichte des Mediums, was gegenüber der warmen Seite zu einem Unterdruck führt und den Arbeitskolben veranlasst, Arbeit zu verrichten.
Danach wird der Verdränger mit dem Regenerator nach links in den kalten Raum bewegt (Abb. 4). Das kalte Medium muss nun wieder durch den heißen Regenerator zurück in den warmen Raum. Dabei nimmt es im Regenerator die zuvor abgegebene Wärmeenergie wieder auf und wird im erwärmten Raum weiter aufgeheizt. Das Medium will sich nun ausdehnen und kann dabei erneut am Arbeitskolben Arbeit verrichten.
Wird der Verdrängerkolben über ein Getriebe oder ein schwingfähiges System im richtigen Phasenwinkel an die Bewegung des Arbeitskolbens gekoppelt, kann das gesamte System als selbständige Wärme-Kraft-Maschine arbeiten.

1.3 Thermodynamische Grundlagen

Um sich ein Bild von der Thermodynamik der Stirlingmaschine machen zu können, ist es unumgänglich, die Hauptsätze der Thermodynamik zu kennen und zu verstehen. Sie sollen hier wiedergegeben werden.

Der 0. Hauptsatz der Thermodynamik
Zwei geschlossene Systeme sind im thermischen Gleichgewicht miteinander, wenn sie beide die gleiche Temperatur haben.

Der 1. Hauptsatz der Thermodynamik (Energiesatz)
Das Prinzip der Erhaltung der Energie: In einem abgeschlossenen System kann der Gesamtbetrag der Energie weder vergrößert noch verkleinert werden. Es können lediglich die verschiedenen Energiearten ineinander umgewandelt werden.

Der 2. Hauptsatz der Thermodynamik (Entropiesatz)
Aussage über die Richtung der Energieumwandlung: Nach dem 1. Hauptsatz ist jede beliebige Energieumwandlung denkbar. Bei natürlichen Prozessen ist eine vollständige Energieumwandlung niemals möglich. Alle realen Umwandlungen oder Übertragungen von Energie in Maschinen und Apparaten unterliegen dieser Einschränkung und sind somit nicht umkehrbar oder irreversibel.

Der 3. Hauptsatz der Thermodynamik
Die Entropie jedes festen, kristallisierten, aus lauter gleichartigen und gleich orientierten Teilen bestehenden Körpers nähert sich bei der Annäherung an den absoluten Nullpunkt (-273°C) dem Wert Null. Der absolute Nullpunkt ist jedoch nicht erreichbar.

$$dS = \frac{dH - Vdp}{T} \Rightarrow 0 \text{ für } T \Rightarrow 0$$

1.3.1 Begriffserläuterungen

Anergie
Der Energieanteil, der sich nicht nutzbar machen lässt, erhält die Bezeichnung Anergie.

Carnotfaktor
Der thermische Wirkungsgrad des Carnot-Prozesses wird auch als Carnotfaktor bezeichnet. ($1-T_{kalt}/T_{heiß}$ mit T in Kelvin)

Dissipation/Dissipationsenergie
Durch Reibung und andere Vorgänge wird Energie entwertet, diese wird als Dissipationsenergie bezeichnet. Dissipieren (lat.) = zerstreuen.

Enthalpie
Die Enthalpie ist die Summe aus innerer Energie (die in einem System gespeicherte Energie) und Verschiebearbeit (Arbeit, die zur Verschiebung des Stoffes im System notwendig ist). Sie ist eine Funktion der Temperatur und unabhängig vom Druck.

Entropie
Bei jeder Energieumwandlung oder Energieübertragung muss mit einer Entwertung der Energie gerechnet werden. Sie äußert sich dadurch, dass die Energie nicht vollständig in die ursprüngliche Energieart zurückverwandelt werden kann. Das Maß für die Entwertung der Energie durch die Irreversibilität (Unumkehrbarkeit) heißt Entropie.

Exergie
Der umwandlungsfähige und damit der nutzbare Teil (unter Mitwirkung der Umgebung) der Energie heißt Exergie.

Innere Arbeit
Die Kupplungsarbeit abzüglich der auftretenden äußeren Reibungsarbeit nennt sich innere Arbeit.

Isenthalpe
Bei unveränderter Strömungsgeschwindigkeit ist die Zustandsänderung eine Isenthalpe, also ein Prozess mit gleichbleibender Enthalpie.

Isentrope
Bleibt während einer Zustandsänderung die Entropie konstant, so bezeichnet man die Zustandsänderung als Isentrope.

Isochore
Bei einer isochoren Zustandsänderung ist das Volumen konstant.

Isobare
Bei einer isobaren Zustandsänderung bleibt der Druck konstant.

Isotherme
Bei einer isothermen Zustandsänderung bleibt die Temperatur konstant.

Kupplungsarbeit
Schließt das System eine Maschine ein, die über eine Maschinenwelle mit einer zweiten Maschine außerhalb des Systems in Verbindung steht, so wird die Maschinenwelle als Bauelement der Energieübertragung von der Systemgrenze geschnitten. Über diese Welle kann dem System entweder Arbeit zugeführt oder vom System Arbeit abgegeben werden. Diese Art von Arbeit wird Kupplungsarbeit genannt.

Leistungszahl
Die Leistungszahl dient zur Bewertung der Wärmepumpe bzw. Kältemaschine.

Nutzarbeit
Die Nutzarbeit ist die von der Kolbenstange übertragene Arbeit.

Prozess
In der Grobeinteilung gibt es zwei Arten von Prozessen. Den idealen und den realen Prozess (nachfolgend in Kapitel 1.3.2 und 1.3.3 beschrieben).

Regenerator
In Wärmeübertragern wird Wärme von einem wärmeren Stoff an einen kälteren abgegeben. Bei Regeneratoren wird ein und dasselbe System im zeitlichen Wechsel durch das heiße Arbeitsmedium erwärmt und die gespeicherte Energie anschließend an das kältere Arbeitsmedium abgegeben.

Spezifische Gaskonstante R_i
$R_i = p \cdot V/T$
Die Zahlenwerte von R_i sind für verschiedenen Gase unterschiedlich, für ein und dasselbe Gas jedoch unabhängig vom Zustand des Gases. Streng genommen gilt dies jedoch nur, wenn der Druck des Gases den Wert Null annimmt.

System
Der Bereich einer Maschine oder Anlage, der Gegenstand der thermodynamischen Untersuchung sein soll, wird als System bezeichnet. Bleiben in einem System die Stoffteilchen dieselben, so bezeichnet man es als ein geschlossenes System. Das Volumen, welches die Stoffmenge einnimmt, kann veränderlich sein. Über die Systemgrenze hinweg gibt es keinen Stofftransport. Ein Energietransport über die Systemgrenze ist dagegen möglich.

Zustandsänderungen
Der Zustand eines geschlossenen Systems kann durch Einwirkung von außen verändert werden.

1.3.2 Ideale Prozesse (Vergleichsprozesse)

Ein Prozess, bei dem ein System seinen Anfangspunkt wieder erreicht, ist ein Kreisprozess. Für solche Kreisprozesse lassen sich verschiedene Wirkungsgrade angeben:

- *der thermische Wirkungsgrad* η_{th} *:*
  im idealen Prozess das Verhältnis von Nutzarbeit zur zugeführten Wärme.
  $\eta_{th} = |W_k| / Q_{zu}$
- *der exergetische Wirkungsgrad* η_{th} *:*
  im reversiblen (idealen) Kreisprozess das Verhältnis von Nutzarbeit und der Exergie der zugeführten Wärme. $\eta_{th} = |W_k| / E_{qzu}$
- *der innere Wirkungsgrad* η_i *:*
  das Verhältnis der Arbeit des irreversiblen Prozesses zu der des idealisierten Kreisprozesses. $\eta_i = W_{ik} / W_k$
- *der mechanische Wirkungsgrad* η_m *:*
  Verhältnis der Kupplungsarbeit zur inneren Arbeit des Kreisprozesses.
  $\eta_m = W_{ek} / W_{ik}$
- *der Nutzwirkungsgrad (oder auch Gesamtwirkungsgrad)* η_e *:*
  das Verhältnis von Kupplungsarbeit zu zugeführter Wärme.
  $\eta_e = |W_{ek}| / Q_{izu} = \eta_{th} \cdot \eta_i \cdot \eta_m$

Der Carnot-Prozess

Sadi Carnot, 1824: „Parout où il existe une différence de température, il peut y avoir production de puissance motrice.“ – „Überall wo ein Temperaturunterschied herrscht, kann mit Hilfe einer Maschine Energie erzeugt werden.“
Beim Carnot-Prozess wird der größte überhaupt mögliche Anteil der zugeführten Wärme in Nutzarbeit umgewandelt. Daher dient dieser als Vergleichsprozess zur Beurteilung anderer Kreisprozesse. Neben dem Carnot-Prozess gibt es noch eine Reihe anderer Prozesse mit einem nahezu gleichen theoretischen Wirkungsgrad. So werden beispielsweise mit dem Stirling- und dem Ericsson-Prozess bei den gleichen Temperaturen T_o und T_u auch die gleichen Wirkungsgrade errechnet.

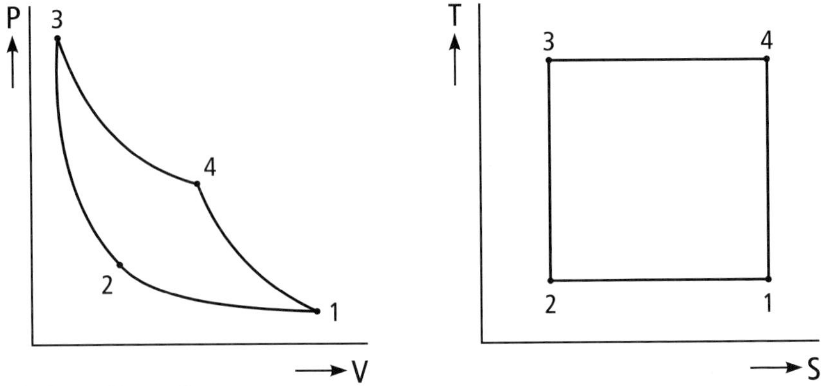

Abb. 5: Der Carnot-Prozess
links: p-V Diagramm

rechts: T-s Diagramm

Der Carnot-Prozess besteht aus 2 Isothermen und 2 Isentropen.

Für den *Motor* als Wärmekraftmaschine (rechtslaufender Prozess) liefert der Carnot-Prozess folgende Ergebnisse:

Nutzarbeit: $W_{carnot} = -(1 - T_1 / T_3) \times Q_{12}$

Wirkungsgrad: $\eta_{carnot} = |W_{carnot}| / Q_{12} = 1 - T_1 / T_3$ (Carnotfaktor)

Aus den Hauptsätzen kann gefolgert werden:

$\eta_{carnot} = 1$ ist nicht erreichbar, weil T_1 praktisch nicht auf Null gesenkt werden kann.

$\eta_{carnot} = 0$ wenn kein Temperaturgefälle besteht.

Der Wirkungsgrad ist umso günstiger, je niedriger T_1 und je höher T_3 ist.

Definitionen:

W	Arbeit (in Joule)
η	Wirkungsgrad
$T_1..T_4$	Temperaturen des Kreisprozesses
T_3	obere Temperatur (in Kelvin)
T_1	untere Temperatur (in Kelvin)
Q_{12}	Wärme, die die Systemgrenze überschreitet (in Joule)

Beim Betrieb als *Wärmepumpe* (linkslaufender Prozess) liefert der Carnot-Prozess folgende Ergebnisse:

Leistungszahl allgemein: $\varepsilon_w = |Q_{ab}| / W_k = Q_{ab} / \Sigma Q$

Leistungszahl Carnot: $\varepsilon_{w\,carnot} = 1 / \eta_{carnot} = T_3 / (T_3 - T_1)$

Die Leistungszahl wird auch oft als Heizzahl bezeichnet.

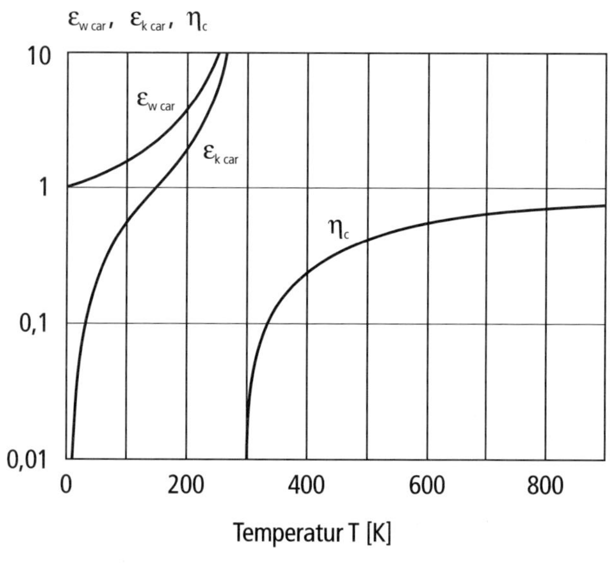

Abb. 6:
Carnot-Faktoren thermischer Maschinen bei einer Umgebungstemperatur von 300 K (27°C).

Für den *Kaltwassersatz (Kühlmaschine*) (ebenfalls linkslaufender Prozess) liefert der Carnot-Prozess folgende Ergebnisse:

Leistungszahl allgemein: $\varepsilon_k = Q_{zu} / W_k = Q_{zu} / |\Sigma Q|$

Leistungszahl Carnot : $\varepsilon_{k\ carnot} = T_1 / (T_3 - T_1)$

Die Leistungszahl wird auch oft als Kühlziffer bezeichnet.

Der Zusammenhang zwischen ε_w und ε_k lautet: $\varepsilon_w = 1 + \varepsilon_k$

Definition

ε Leistungszahl

Q_{ab} Wärmemenge, die abgegeben wird

Q_{zu} Wärmemenge, die zugeführt wird

ΣQ $Q_{zu} + Q_{ab}$

W_k Arbeit des Kreisprozesses

|...| Betrag: der Wert innerhalb der Betragsstriche wird immer positiv genommen.

Der Diesel-Prozess (Gleichdruckprozess)

Dieser Prozess dient als Vergleichsprozess für langsamlaufende Verbrennungsmotoren und besteht aus 2 Isentropen, einer Isobaren und einer Isochoren.

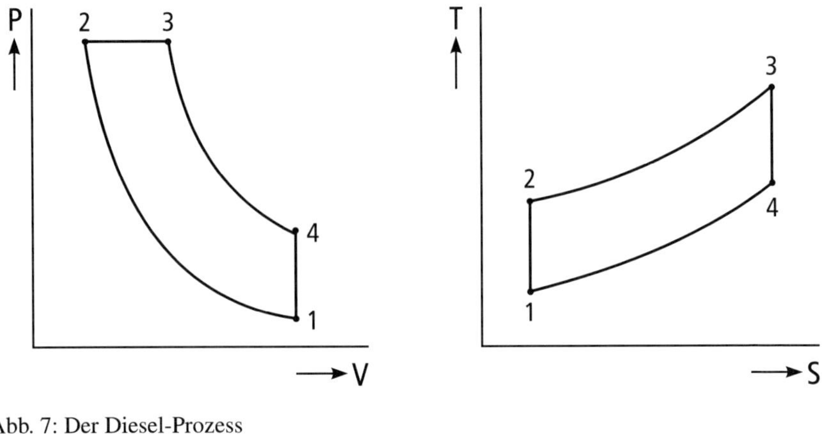

Abb. 7: Der Diesel-Prozess
links: p-V Diagramm rechts: T-s Diagramm

Der Otto-Prozess (Gleichraumprozess)

Dieser Prozess dient als Vergleichsprozess für Verbrennungsmotoren und besteht aus 2 Isentropen und 2 Isochoren.

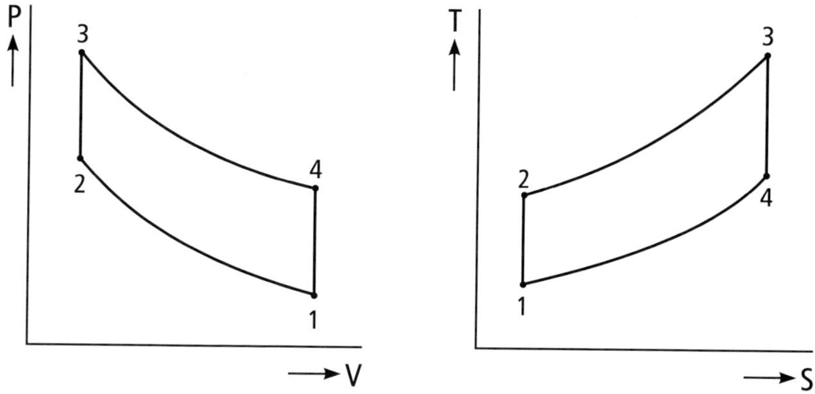

Abb. 8: Der Otto-Prozess
links: p-V Diagramm
rechts: T-s Diagramm

Der Clausius-Rankine-Prozess

Dieser Prozess dient als Vergleichsprozess für Dampfkraftmaschinen und besteht aus 2 Isentropen und 2 Isobaren.

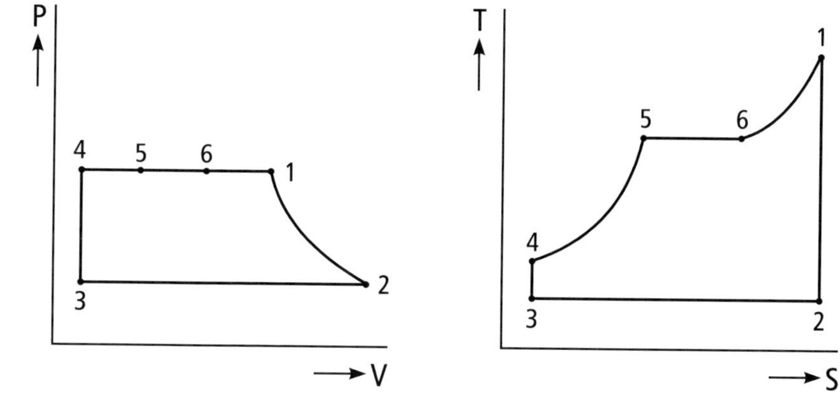

Abb. 9: Der Clausius-Rankine-Prozess
links: p-V Diagramm
rechts: T-s Diagramm

Der Joule-Prozess (Brayton-Prozess)

Dieser Prozess dient als Vergleichsprozess für einfache, offene Gasturbinenanlagen und besteht aus 2 Isentropen und 2 Isobaren.

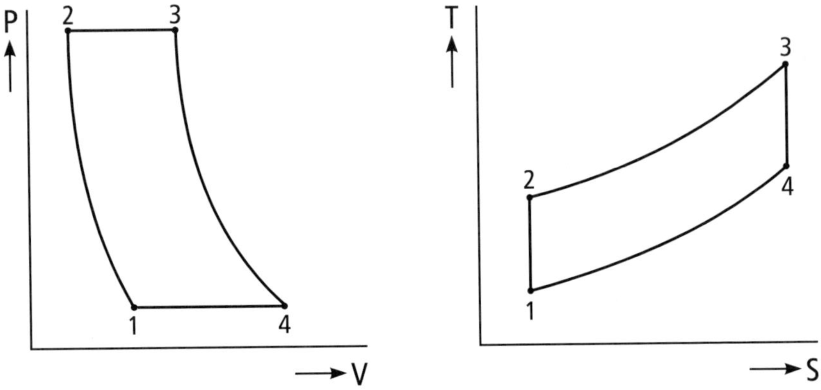

Abb. 10: Der Joule-Prozess
links: p-V Diagramm
rechts: T-s Diagramm

Der Ericsson-Prozess (Ackeret-Keller-Prozess)

Dieser Prozess dient als Vergleichsprozess für geschlossene Gasturbinenanlagen und besteht aus 2 Isothermen und 2 Isobaren.

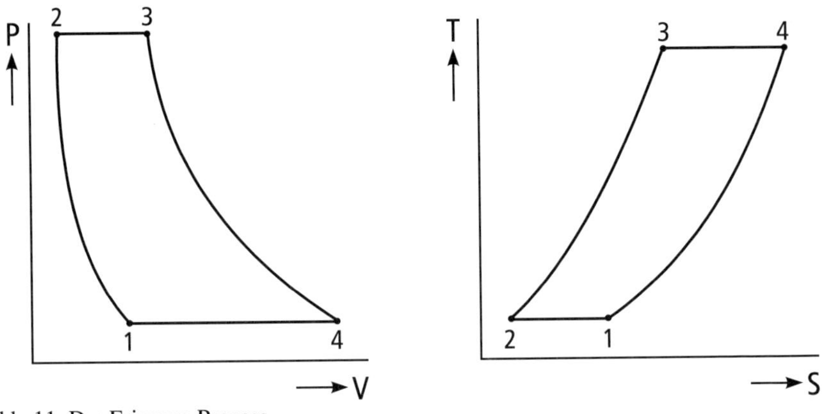

Abb. 11: Der Ericsson-Prozess
links: p-V Diagramm
rechts: T-s Diagramm

Der Planck-Prozess

Dieser Prozess ist die Umkehrung des Claudius-Rankine-Prozesses, dient als Vergleichsprozess für Dampf-Kältemaschinen und besteht aus einer Isentropen, 2 Isobaren und einer Isenthalpen.

Der Vuilleumier-Prozess

Dieser Prozess dient als Vergleichsprozess für die Vuilleumier-Maschine und besteht aus einem rechts- (geheizter Zylinder) und einem linkslaufenden (kalter Zylinder) Kreisprozess. Werden die Prozesse in den jeweiligen Zylindern nicht einzeln, sondern der Prozess der Maschine im Ganzen betrachtet, so heben sich die Integrale gegenseitig auf, das heißt, dass zum Betreiben dieser Maschine nur noch die mechanische Eigenreibung zu überwinden ist.
Die technische Umsetzung ist in den Kapiteln 2.8 und 6.1.5 genauer beschrieben. Abb. 13 und 14 zeigen die Werte, die mit Wärmepumpen und Kältemaschinen nach diesem Prinzip theoretisch erreichbar sind.

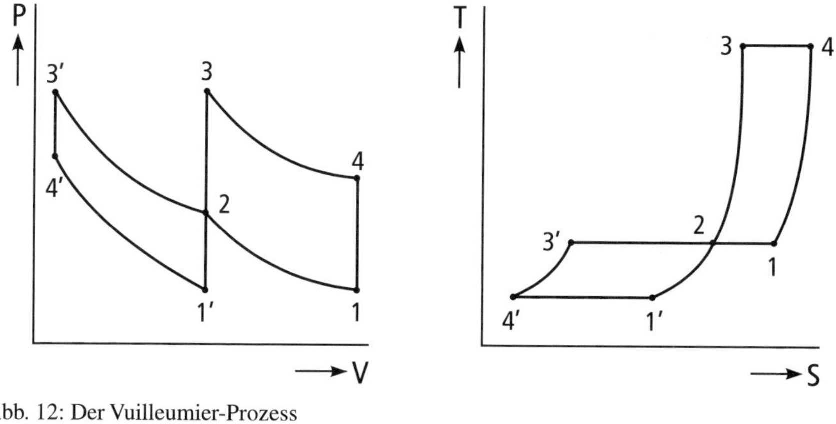

Abb. 12: Der Vuilleumier-Prozess
links: p-v Diagramm

rechts: T-s Diagramm

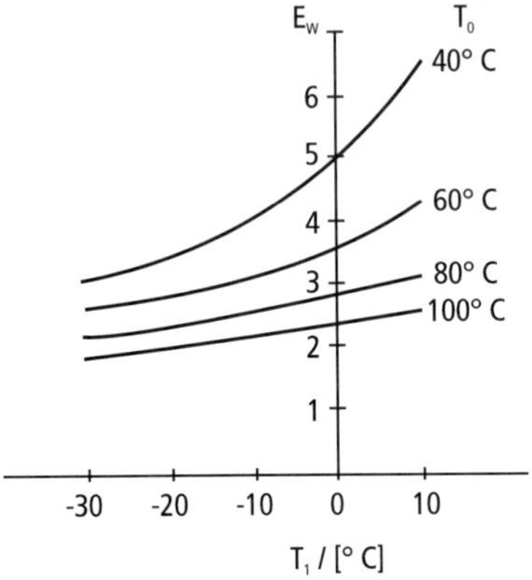

Abb. 13:
Theoretisch erreichbare Heizzahl ε_w für eine Heiztemperatur von $T_2 = 600°C$.

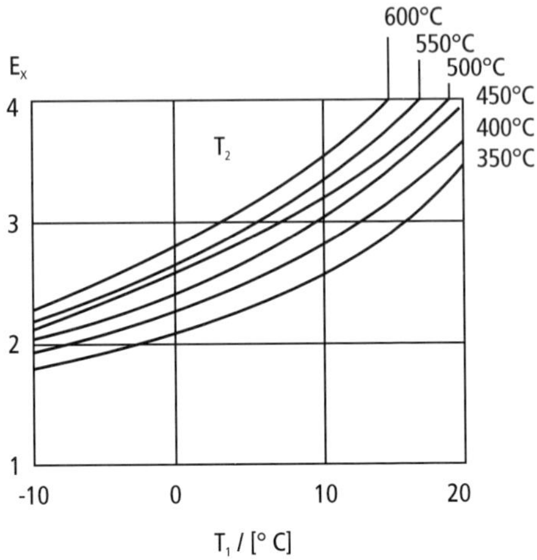

Abb. 14:
Theoretisch erreichbare Kühlziffer ε_k .

Der Seiliger-Prozess

Dieser Prozess besteht aus 2 Isentropen, einer Isobaren und 2 Isochoren und dient als Vergleichsprozess für Verbrennungsmotoren.

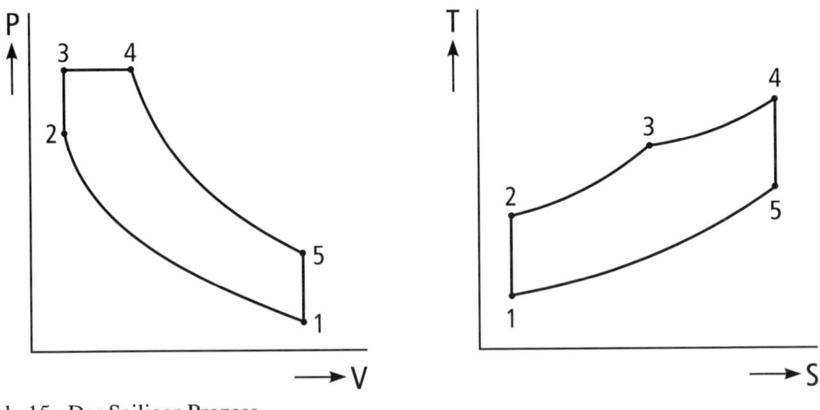

Abb. 15: Der Seiliger-Prozess
links: p-V Diagramm

rechts: T-s Diagramm

Der Stirling-Prozess

Dieser Prozess dient als Vergleichsprozess für Stirlingmaschinen und besteht aus 2 Isothermen und 2 Isochoren.

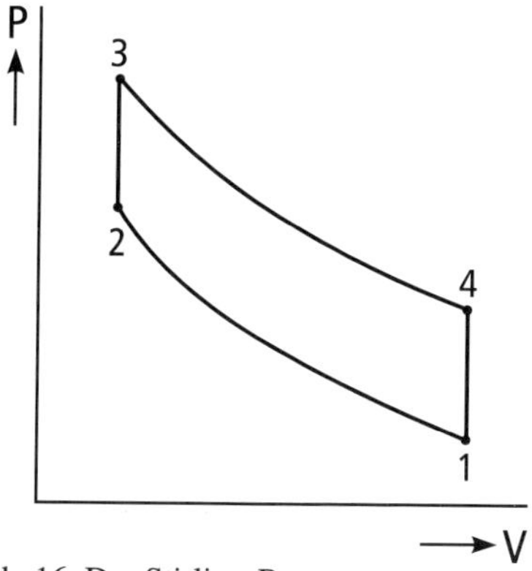

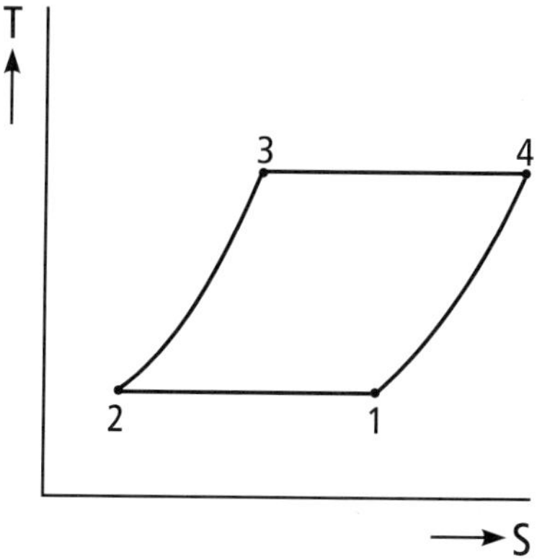

Abb. 16: Der Stirling-Prozess
links: p-V Diagramm

rechts: T-s Diagramm

Die Theorie liefert folgende Zusammenhänge (Grenzwerte):

Verdichtungsverhältnis: $\varepsilon = V_1 / V_2$

Nutzarbeit: $|W_{st}| = - W_{st} = m \cdot R_i \cdot (T_3 - T_1) \cdot \ln \varepsilon$

thermischer Wirkungsgrad: $\eta_{th} = 1 - T_1 / T_3$

exergetischer Wirkungsgrad: $\varphi_{th} = (T_3 - T_1) / (T_3 - T_b)$

mit

m = Gasmasse
R_i = spezifische Gaskonstante
T_b = Umgebungstemperatur
V_1 = größtes Volumen
V_2 = kleinstes Volumen
T_3 = obere Temperatur (in Kelvin)
T_1 = untere Temperatur (in Kelvin)

Beim Stirling-Prozess werden, wie beim Ericsson-Prozess, für η_{th} und φ_{th} nahezu die gleichen Werte wie beim Carnot-Prozess, also die bestmöglichen, erreicht.

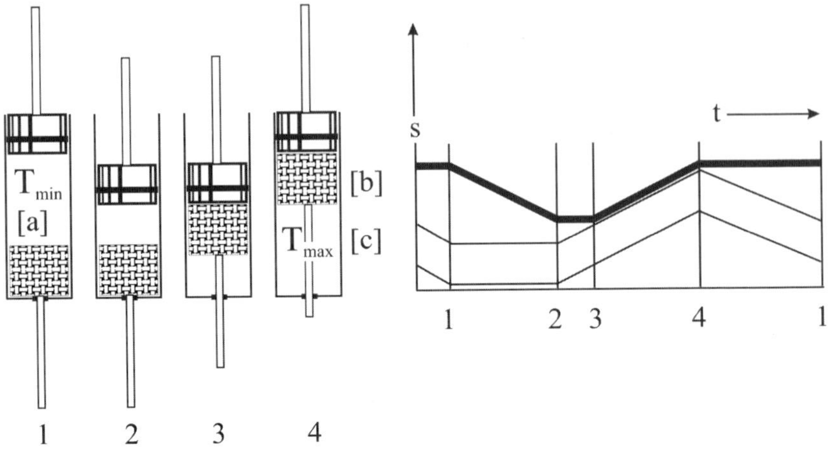

Abb. 17: Der Stirling-Prozess im Detail.
links: Kolbenstellung rechts: Zugehöriges Weg-Zeit-Diagramm
[a] → Kompressionsraum [b] → Regenerator [c] → Expansionsraum

Zustandsänderungen:

1....2	Isotherme Kompression; Wärmeabfuhr nach außen; Arbeitszufuhr von außen.
2....3	Isochore innere Wärmezufuhr vom Regenerator (Verdrängerkolben).
3....4	Isotherme Expansion; Wärmezufuhr von außen; Arbeitsabfuhr nach außen.
4....1	Isochore innere Wärmeabfuhr an den Regenerator (Verdrängerkolben).

Vergleich verschiedener Kreisprozesse

In Tabelle 3 sind die errechneten (theoretisch erreichbaren) Wirkungsgrade und mittlere Drücke von Kreisprozessen zusammengestellt, wie sie an den Maschinen des 19. Jahrhunderts (etwa bis 1880) ausführbar waren.

Prozess	Wirkungsgrad [η] %	Mitteldruck [p] bar	Bemerkungen
Carnot	52	sehr klein	nicht ausführbar!
Joule	25	0,6	– – –
Ericsson	52	0,6	mit Regenerator
Stirling	52	1,2	mit Regenerator
Otto	35	5,4	Viertaktmotor
		2,7	gedachter gleichstarker 2-Takt-Motor

Tabelle 3: Ideale Wirkungsgrade verschiedener Kreisprozesse

1.3.3 Der reale Stirling-Prozess

Der ideale Stirlingprozess ist, wie alle anderen idealen Kreisprozesse auch, nicht genau zu realisieren. Die nachfolgende Auflistung der Gründe dafür ist gleichzeitig auch eine Einführung in die Problematik des Stirlingmotors.

Gründe, warum der reale Prozess vom idealen abweicht:

- *Eine diskontinuierliche Kolbensteuerung ist nur begrenzt möglich.*
  Um den Wirkungsgrad zu verbessern (der Kreisprozess wird in den Ecken besser ausgefahren) und den Totraum so klein wie möglich zu halten, ist eine diskontinuierliche Kolbensteuerung sinnvoll (Abb. 18). Leider ist diese nur begrenzt erreichbar und mit Nachteilen wie Geräuschentwicklung und höheren mechanischen Belastungen verbunden.

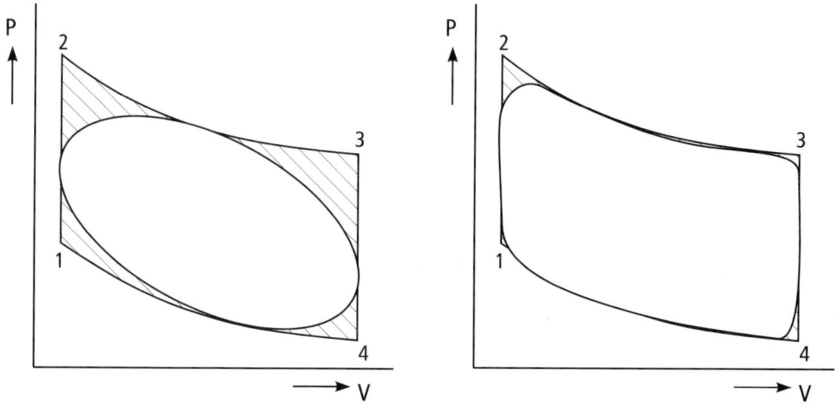

Abb. 18: Auswirkungen der Bewegungsarten auf den Kreisprozess.
links: sinusförmige Bewegung rechts: diskontinuierliche Bewegung

- *Die Gasgeschwindigkeit ist zu hoch, dadurch sind isotherme Zustandsänderungen nur schlecht möglich.*
  Bei einem Motor mit 1000 Umdrehungen/min wird der Kreisprozess ca. 17 mal in der Sekunde durchlaufen, so dass für die Wärmeübertragung kaum Zeit zur Verfügung steht; daher läuft in praktischen Maschinen oftmals eine nahezu adiabatische Zustandsänderung ab, die eine geringere Nutzarbeit erbringt und eine höhere Kompressionsarbeit erfordert. Eine Annäherung an die Isotherme kann nur durch eine verbesserte Wärmeübertragung und durch niedrige Drehzahlen erzielt werden.

- *Der Regeneratorwirkungsgrad von 100% kann nicht erreicht werden.*
  Das heißt, dass das Arbeitsgas den kalten Raum etwas wärmer und den heißen Raum etwas kälter als vorgesehen erreicht, was dazu führt, dass der Kühler eine größere Wärmemenge ab- und der Erhitzer eine größere Wärmemenge zuführen muss, als es im Idealfall notwendig wäre. Im allgemeinen gilt für den Regenerator: Je größer der Wirkungsgrad, um so größer sind die Strömungsverluste durch Verwirbelungen. In der Praxis werden Regeneratorwirkungsgrade von über 95% erreicht.

  Der Regeneratorwirkungsgrad wird folgendermaßen ermittelt:
  $\eta_{Reg} = (T_{ist} - T_1) / (T_2 - T_1)$ mit

  T_1 = Temperatur (niedriges Niveau)
  T_2 = Temperatur (hohes Niveau)
  T_{ist} = Tatsächliche Temperatur hinter dem Regenerator (heiße Seite).

- *Totraumeffekte*
  Im Idealfall befindet sich das gesamte Arbeitsmedium im Expansions- und Kompressionsraum. Doch bei den meisten realisierten Maschinen beträgt der Totraum ca. 40 - 50% des Gesamtvolumens. Meistens befinden sich in diesem Totraum die Wärmetauscheraggregate (Erhitzer, Regenerator, Kühler). Die geänderten Volumenverhältnisse bringen aber auch veränderte Druckverhältnisse mit sich, die sich sehr negativ auf den Gesamtwirkungsgrad auswirken (Abb. 19).

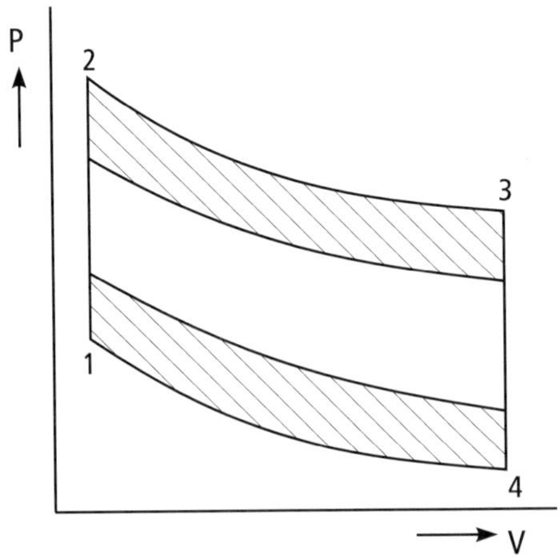

Abb. 19:
Auswirkung des Totraums auf den Kreisprozeß im p-V Diagramm

- *Dissipation durch Arbeitsgas- und Druckverluste*

  Da bewegte Teile sich nicht zu 100% abdichten lassen, muss damit gerechnet werden, dass Arbeitsgas (vor allem, wenn mit hohem Druck und Wasserstoff oder Helium gefahren wird) nach außen entweicht (und der Druck sinkt), was den Gesamtwirkungsgrad senkt. Insbesondere muss der Arbeitskolben nahezu 100% abdichten, denn hier kann der größte Leistungsanteil verloren gehen. In der Tat ist dieses Dichtungsproblem eines der größten beim Bau von Stirlingmotoren, dessen Lösung erhebliche ingenieurtechnische Kenntnisse erfordert.
  Eine Lösung des Dichtungsproblems bieten die immer beliebter werdenden Freikolbenmotoren. Da bei dieser Bauform keine bewegten Teile nach außen führen, können diese Motoren hermetisch abgedichtet werden. So wurde z.B. an der TU-München eine Vuilleumiermaschine mit 40 bar Helium aufgeladen und verlor nur 2 bar Druck in 4 Monaten.
  Eine weitere Lösung wurde von Bomin Solar entwickelt: Sie patentierten eine Magnetkupplung, mit der die Kupplungsarbeit (mechanische Arbeit des Motors) schlupffrei durch das Gehäuse nach außen übertragen wird.

- *Dissipation durch reales Gas (irreversible Zustandsänderungen)*
  Dazu gehören Strömungsverluste (hauptsächlich durch Verwirbelungen im Regenerator), aber auch die inneren Reibungen der Gase, die dadurch Exergie in Anergie wandeln (diese fällt als nicht nutzbare Wärme an).

- *Dissipation durch mechanische Reibung (irreversible Zustandsänderungen)*
  Dieser Verlust tritt an allen mechanischen Reibflächen (Lager, Zylinderwandung, Zahnräder usw.) auf, wobei mechanische Exergie in Reibungswärme (Anergie) umgewandelt wird.

- *Wärmverluste durch das Material*
  Dieser Wärmeleitungsverlust entsteht durch einen Wärmestrom in Richtung des Temperaturgefälles längs des Zylinders und nach außen.

- *Pendelverluste*
  Dieser Wärmeleitungsverlust entsteht durch den Lagewechsel des Verdrängers. Befindet sich der Verdränger in einer der beiden Totlagen, so entsteht jeweils ein Wärmestrom über die Zylinderwand in Richtung des Temperaturgefälles. Diesen Effekt könnte man durch einen kürzeren Hub verringern, wobei allerdings der Zylinderdurchmesser und damit die Wärmeverluste längs des Zylinders wieder ansteigen.
  Der Verlust lässt sich angenähert beschreiben mit:

  $$P = 0{,}4 \cdot L^2 \cdot U \cdot D \cdot (T_E - T_C) \cdot Z/S$$

  P Pendelwärmeübertragungsleistung in W
  L Hublänge in cm

U Wärmeleitfähigkeit des Arbeitsgases in W/(mK)
D Verdrängerdurchmesser in cm
T_E Erhitzertemperatur in K
T_C Kühlertemperatur in °C
S Spalt zwischen Verdränger und Zylinder in cm
Z Länge des Verdrängers

- *Adiabatikverluste.*
  Dieser Verlust tritt bei allen Stirlingmaschinen auf, die schneller als 200 U/min drehen. Die Kompression sowie die Expansion laufen dabei so schnell ab, dass die Wärmeflüsse, die für eine Isothermie nötig wären, nicht mehr Schritt halten können. Die Folge ist ein steilerer Anstieg des Druckes bei der Kompression bzw. ein steilerer Abfall des Druckes bei der Expansion (Abb. 20).

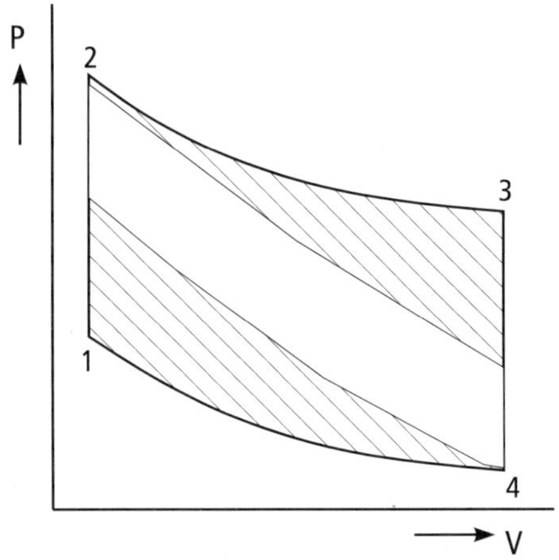

Abb. 20:
Auswirkungen von hohen Drehzahlen

Der Gesamtverlust

Die Auswirkung aller genannten Verluste auf den realen Prozess sind in Abb. 21 skizziert. Abb. 22 zeigt das Energieflussdiagramm und die Verluste eines realen Stirlingmotors. Die angegebenen Wirkungsgrade wurden von Dr.-Ing. F. Zacharias und seinem Team bei der MAN in Augsburg an einem Philipsmotor mit Rhombengetriebe ermittelt.

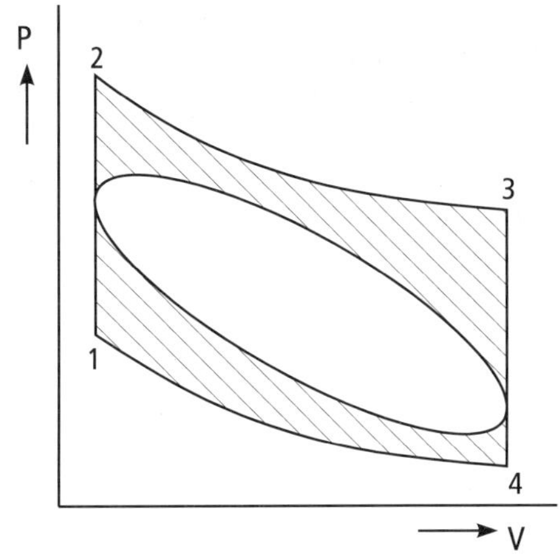

Abb. 21:
Realer Stirlingprozess, wobei die Summe aller obengenannten Verluste in einem Diagramm dargestellt sind.

Tendenziell ist dieser Energiefluss für fast alle Stirlingmaschinen zutreffend. Einige Motoren neuerer Bauart erreichen jedoch Wirkungsgrade von über 40% (an der Abtriebswelle). Wird die anfallende Niedertemperaturwärme als Nutzwärme (z.B. zur Brauchwassererwärmung) verwendet und in die Bilanz einbezogen (Kraft-Wärme-Kopplung), lässt sich bei modernen Stirlingmaschinen der Gesamtwirkungsgrad noch beträchtlich steigern.

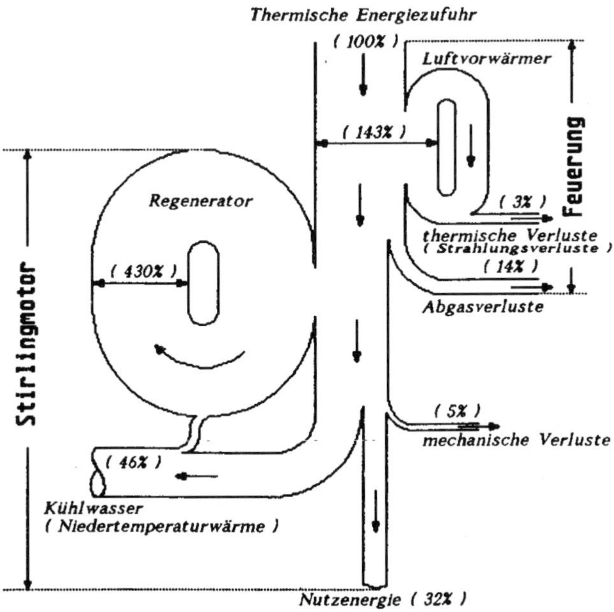

Abb. 22:
Energiefluss und Wirkungsgrad eines Stirlingmotors.
Quelle: [4]

Wird die Nutzenergie nun zum Betrieb einer Wärmepumpe genutzt (wie bei der Duplex- oder ähnlich wie bei der Vuilleumiermaschine), so sind heute Heizzahlen von 1,92 realisierbar. Die theoretisch erreichbare Gesamtheizzahl beträgt:

$$\varepsilon_{ges,theor} = (Q_1 + Q_2) / Q_2 > 2{,}0$$

wobei

Q_0 = $Q_{ab} + Q_{zu}$ den Nutzwärmestrom,
Q_1 den Kühlerwärmestrom (positiv) und
Q_2 den Erhitzerwärmestrom (positiv) bezeichnet.

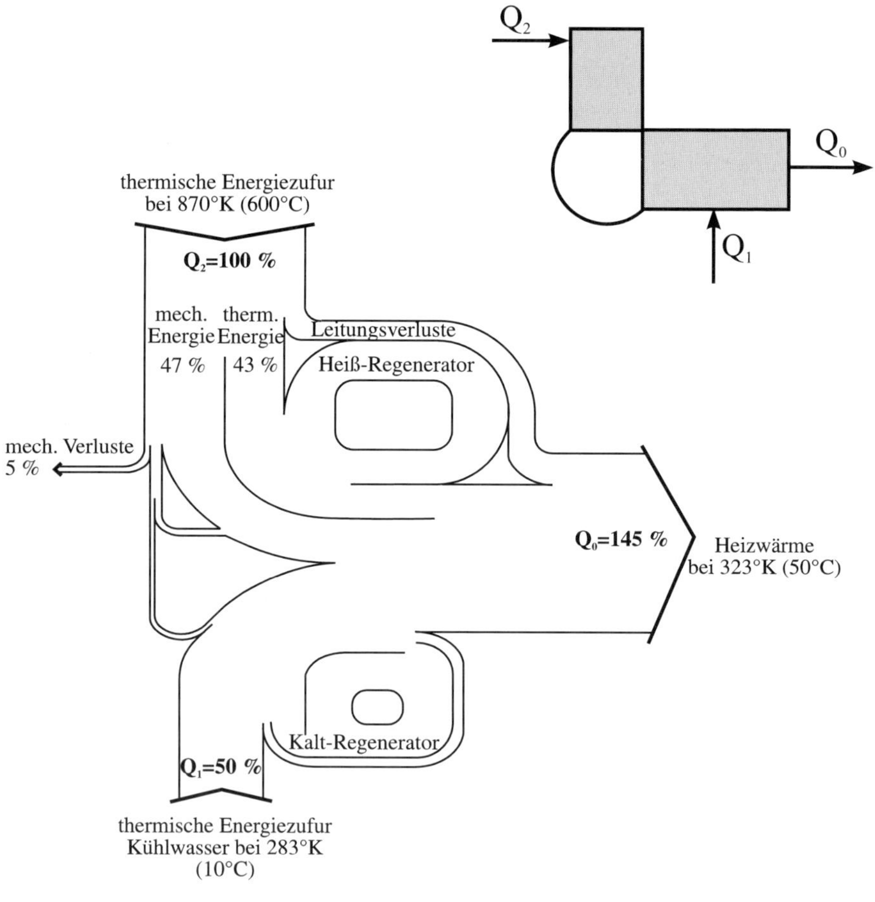

Abb. 23:
Definition der Energieströme (oben) und Wärmefluss (unten) in einer Vuilleumiermaschine.
Quelle: Sanyo, Japan auf der ISEC 93 in Eindhoven

1.4 Vorzüge des Stirlingmotors

Trotz der vielfältigen Bauformen sind den Stirlingmotoren einige charakteristische Vorteile gemeinsam, und zwar Vorteile im Vergleich zu den kommerziellen Hub- und Drehkolben-Verbrennungsmotoren ebenso wie zu Gasturbinen.

- *Vielstoffähigkeit*
  Da der Stirlingmotor mit allem, was eine Temperaturdifferenz hervorruft, direkt betrieben werden kann, sind fast alle Wärmeerzeuger, wenn es der Einsatz erfordert, denkbar. Mögliche Wärmeerzeuger sind feste, flüssige und gasförmige Brennstoffe ebenso wie Wärmespeicher, Sonne, chemische Reaktion und Kernenergie.
- *Äußere und kontinuierliche Verbrennung*
  Durch äußere, kontinuierliche Verbrennung hat der Stirlingmotor wenig Geräusch- und Schadstoffemmissionen. Damit können nachgeschaltete Katalysatoren und Lärmdämpfer entfallen. Auch fehlen die Druckspitzen im Brennraum, die zur Verkürzung der Lebensdauer und zur schwereren Ausführung des Getriebes führen würden. Gegebenenfalls könnte auch eine katalytische Verbrennung als Antrieb zum Einsatz kommen.
- *Schwingungsarmut*
  Durch Fehlen der Druckspitzen und Verwendung günstiger Getriebe kann die Stirlingmaschine fast schwingungsfrei bei höchsten Drehzahlen betrieben werden. Das eindruckvollste Beispiel zeigte der Philips 1-98 mit Rhombengetriebe. Der Motor lief so ruhig, dass ein eckiges 3-Penny-Stück senkrecht auf dem Kurbelgehäuse ohne zu wackeln ruhte, während sich die Kurbelwelle mit 3.000 U/min. bei Vollast drehte.
- *Relativ hohe Wirkungsgrade erzielbar*
  Aufgrund des günstigeren Idealprozesses und der besseren Umsetzung sind energetisch höhere Umwandlungswirkungsgrade erzielbar als bei anderen Wärmekraftmaschinen, insbesondere bei Teillast.
- *Wartungsfreundlichkeit*
  Da ein Stirlingmotor aus relativ wenigen Teilen gebaut werden kann, ein hermetisch abgeschlossenes Motorengehäuse besitzt, mit wenig Schwingungen bzw. Erschütterungen läuft und meistens ölfrei betrieben wird, ist dieser fast wartungsfrei. Diese Aussage gilt je nach Bauart jedoch mit gewissen Einschränkungen.
- *Nutzung von Niedertemperaturwärme*
  Der Stirlingmotor kann je nach Ausführung bereits mit einer sehr kleinen Temperaturdifferenz betrieben werden (beim Kolinmotor sind es z.B. $\Delta T = 16$ K). Zwar sind (wegen der geringen Temperaturdifferenz) keine überragenden Wirkungsgrade erzielbar, trotzdem kann damit aus Niedertemperaturwärme noch Nutzenergie gewonnen werden (Abwärmenutzung, Energiekaskaden).

- *Geschlossenes System*
  Als Arbeitsmedium sind grundsätzlich fast alle Gase geeignet (z.B. Luft, Wasserstoff, Helium, ...), so dass diese Maschine auch unter Umweltgesichtspunkten interessante Vorteile bietet (z.B. FCKW-freie Wärmepumpe oder Kühlmaschine). Ausserdem können keine Verbrennungsrückstände in den Kreislauf der sich bewegenden Teile gelangen.
- *Viele Einsatzmöglichkeiten*
  Der Stirlingmotor kann für jeden nur denkbaren Anwendungsbereich eingesetzt werden (z.B. Blockheizkraftwerk, Generatorsatz, U-Boot-Antrieb, Herzschrittmacher, Wärmepumpe, Kühlschrank, Wasserpumpe, Kühlaggregate in Satelliten usw.). Näheres zu den Einsatzgebieten siehe Kapitel 6.
- *Einsatz von Keramik*
  In den Heißzonen des Stirlingmotors können mit relativ wenig Aufwand Keramikteile (z.B. glas-keramische Ummantelungen) verwendet werden, weil der Brenner sich außerhalb des Motors befindet und dort die Fertigungstoleranzen groß sein können. Außerdem entfallen die Schläge auf Kolben und Getriebeteile, so dass auch dort Keramik zum Einsatz kommen kann. Die Vorteile, die der Einsatz von Keramik bietet, sind zum einen die Erhöhung des Wirkungsgrades durch Erhöhung der Temperaturdifferenz, die Reduzierung der Reibungsverluste und nicht zuletzt auch Kostenvorteile, die bei Massenproduktion zu Preissenkungen führen können.

2 Typologie der Stirlingmaschinen

Die Einteilung der Stirlingmotoren kann nach sehr verschiedenen Kriterien erfolgen. Ich werde hier versuchen, möglichst alle in der Literatur genannten Motoren nach Bauarten in Gruppen einzuteilen und kurz vorzustellen - jedoch ohne Anspruch auf Vollständigkeit, da in keiner mir bekannten Literatur alle Verwandten der sehr großen Stirlingfamilie aufgeführt sind.

2.1 Einfach wirkende Motoren

„Einfach wirkend" bedeutet, dass nur eine Seite des Arbeitskolbens bzw. des Verdrängers auf die Druckschwankungen im Arbeitsraum reagiert.

Der Alpha-Typ

Die beiden Kolben sind in zwei Zylindern untergebracht, d.h. mindestens ein Kolben wird im heißen Raum betrieben, was Dichtungsprobleme mit sich bringt. Deshalb wird diese Art der einfach wirkenden Maschine meistens bei den Niedertemperatur-Maschinen für den Einsatz in Kühlschränken oder Wärmepumpen ausgewählt.

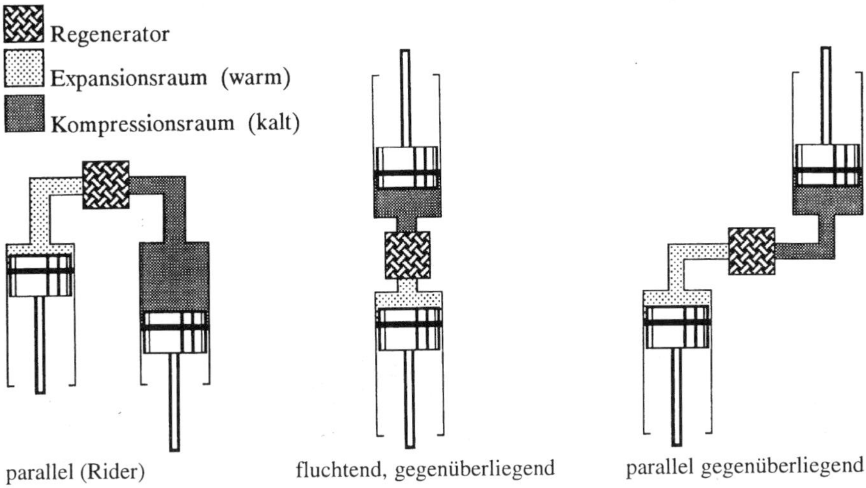

Abb. 24:
Verschiedene Anordnungen des Alpha-Typs. Auch andere Anordnungen wurden bisher erdacht und gebaut, z.B. Rotationszylinder von Finkelstein, V-Zylinder u.ä.

Beim Alpha-Motor (Ridermotor) gibt es keinen Verdränger, sondern zwei Arbeitskolben, welche die Aufgabe des Verdrängers gemeinsam übernehmen. Der Expansionskolben auf der heißen Seite verrichtet während der Hochdruckphase die Arbeit. Der Kompressionskolben muss hingegen einen Teil dieser Arbeit wieder aufwenden, um das Medium kalt zu komprimieren. Die dazu nötige Kraft kommt vom Schwungrad, das einen Teil seiner Rotationsenergie abgibt. Damit die Kolbenringe des Expansionskolbens nicht unter den hohen Temperaturen im Expansionsraum leiden, sitzt zur Isolation auf diesem Kolben meist ein Dom, der ähnlich aussieht wie ein Verdränger.

Zwischen einem Arbeitskolben und einem Verdrängerkolben gibt es drei Merkmale der Unterscheidung:

1. Die Kräfte am Arbeitskolben sind ca. zwanzigmal so hoch wie beim Verdrängerkolben. Dadurch sind die Wandstärken und das Triebwerk völlig unterschiedlich dimensioniert.
2. Ein Arbeitskolben hat meist mehr als zwei Kolbenringe, während der Verdrängerkolben nur einen ganz dünnen Kolbenring besitzt.
3. Bei allen bisher bekannten Alphamotoren bestehen die Arbeitskolben aus zwei unterschiedlichen Materialien. Der Dom ist aus Edelstahl, um die Temperaturen zu trennen. Beim unteren Teil des Arbeitskolbens werden als bewährte Materialien Aluminium, Grauguss oder spezielle Stahllegierungen verwendet.

Neben den in Abb. 24 dargestellten Varianten wurden auch andere Anordnungen erdacht und gebaut, z.B. der Rotationszylinder von Finkelstein oder eine V-förmige Zylinderanordnung.

Der Beta-Typ

Beide Kolben laufen in einem Zylinder. Die allgemein übliche Bauweise sieht die Arbeitskolben- und die Verdränger-Schubstange auf der kalten Seite (Kompres-

Abb. 25: Verschiedene Anordnungen des Beta-Typs.

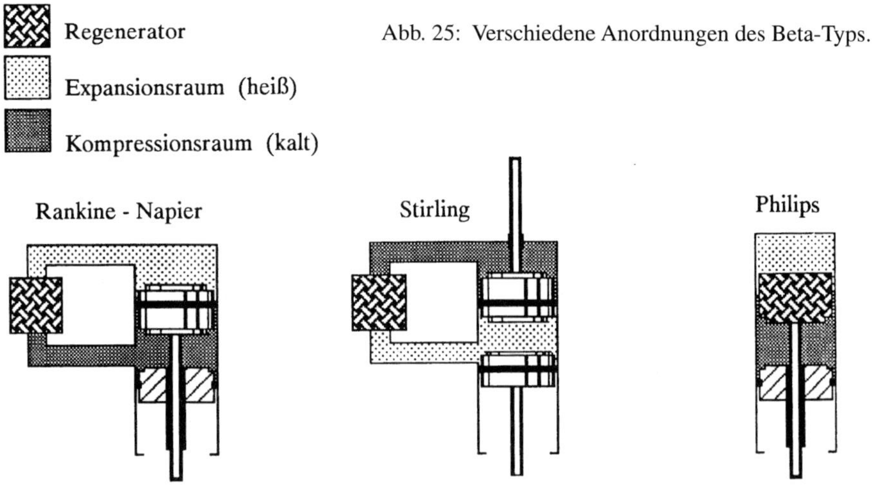

sionsseite) vor, damit die Dichtungen zwischen der Schubstange des Verdrängers und dem Arbeitskolben nicht zusätzlich zu den hohen Drücken auch noch mit hohen Temperaturen beaufschlagt werden.
Die Beta-Bauart hat, im Vergleich zur nachfolgend beschriebenen Gamma-Konfiguration, den großen theoretischen Vorteil, dass ein größeres Verdichtungsverhältnis möglich ist. Der rotationssymmetrische Aufbau kann dazu genutzt werden, dass größere Wärmetauscher montiert werden können als bei der Alpha- oder der Gamma-Version. Da beide Kolben auf der gleichen Geraden schwingen, können Getriebe wie das Rhombentriebwerk einen vollständigen Massenausgleich und somit Schwingungsfreiheit bieten.

Der Gamma-Typ
Bei dieser Anordnung sind der Verdrängerkolben und der Arbeitskolben in zwei verschiedenen Zylindern untergebracht. Diese Konfiguration wird von Graham Walker

Abb. 26: Verschiedene Anordnungen des Gamma-Typs.

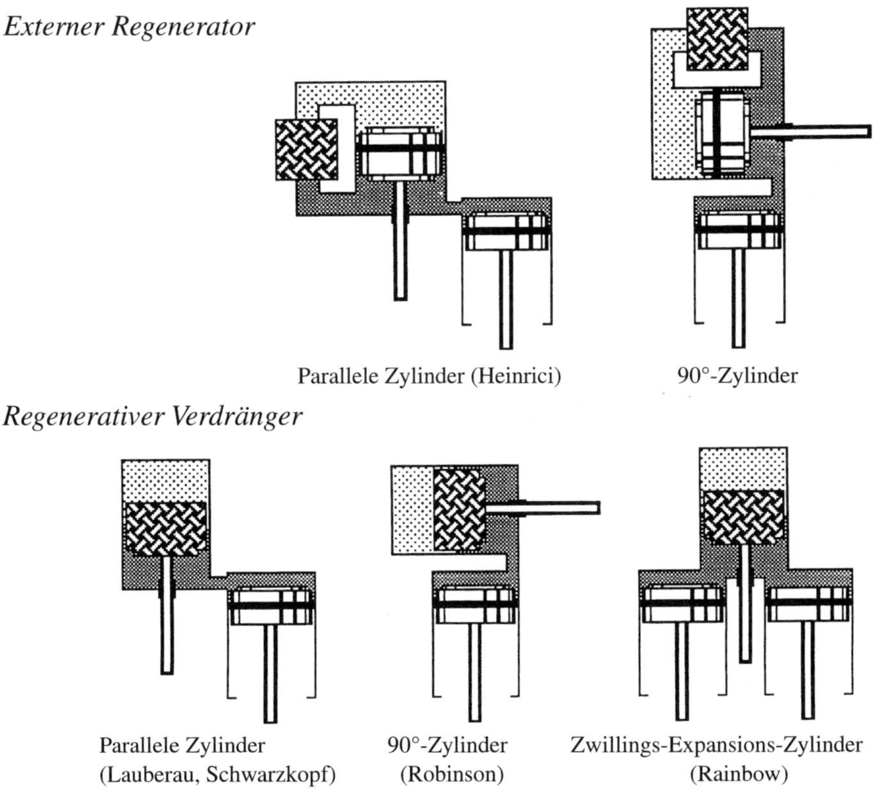

auch als Split-Stirling bezeichnet. Es sind hier sehr viele Variationen in der Anordnung der Zylinder zueinander möglich (parallel, koaxial, ...).

Diese Anordnung ist besonders im Hinblick auf die Dichtungen von Vorteil, da diese nur im kalten Bereich laufen müssen. Auch wird hier die Gefahr vermindert, dass ungewollt Schmiermittel in den Heißbereich gelangen. Leider haben Gamma-Typen dafür einen größeren Totraum, was zu einem schlechteren Wirkungsgrad führt.

2.2 Doppeltwirkende Motoren

Bei doppeltwirkenden Stirlingmaschinen wirkt der Druck des Arbeitsmediums auf beide Seiten der Kolben. Diese Kolben sind zugleich Verdränger und Arbeitskolben.

Der Franchot-Stirlingmotor
Die beiden Kolben und die dazugehörigen Zylinder begrenzen vier variable Volumina, welche paarweise als zwei separate Alpha-Maschinen angesehen werden können. Wie in der einfachwirkenden Alpha-Maschine müssen der Expansions- und der Kompressionskolben eine Phasenverschiebung von ungefähr 90° aufweisen. Ein Problem bildet die Dichtung zwischen Zylinder und Schubstange auf der heißen Seite des Zylinders.

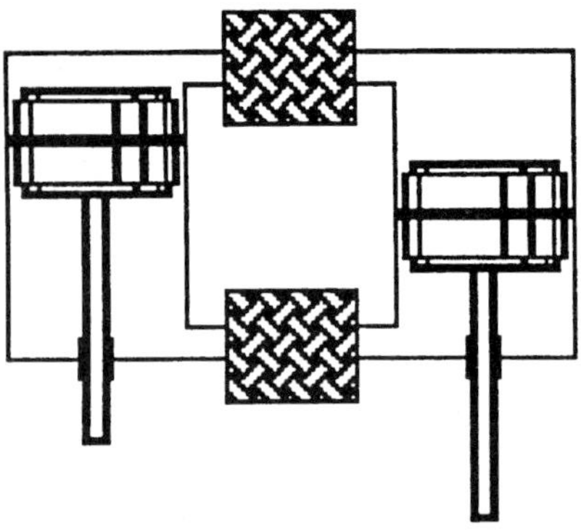

Abb. 27:
Prinzip des Franchot-Stirlingmotors (1853); nach Finkelstein.

Der Siemens-Stirlingmotor
Bereits 1863 konstruierte Sir William Siemens diesen doppeltwirkenden 4-Zylinder-Motor. 1940 wurde dieses Prinzip von Ir. van Weenan im Rahmen des Philips-Forschungsprogramms zum zweiten Mal erfunden und ist nun Standardkonfiguration bei den meisten leistungsstarken Stirlingmotoren. Bei dieser Ausführung befindet sich jeweils auf einer Seite des Kolbens ein Kompressionsraum (kalt), wodurch die Dichtungen nur mit relativ kleinen Temperaturen beaufschlagt werden. Als Beispiel ist hier ein

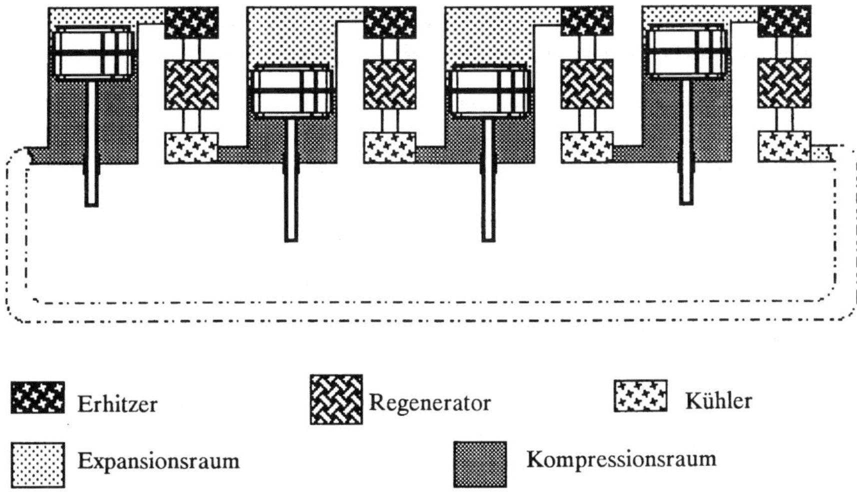

Abb. 28: Der Siemens-Stirlingmotor (auch Rinia-Maschine genannt).

Vierzylinder-Motor dargestellt (Abb. 28). In der Praxis besteht jedoch keine Limitierung der Zylinderzahl.
Die Siemens-Maschine kombiniert die Vorteile der Doppelwirkung mit den kleinen Temperaturen für die Dichtungsseite. Dadurch ist die Basis für einen Hochleistungs-Stirlingmotor gelegt. Bei der Ausführung sind sehr viele Bauarten möglich und sinnvoll (z.B. Schaltung der Zylinder in Reihe, Anordnung als U, V, im Viereck oder im Kreis). Ein ausgeführter Motor dieser Bauart ist z.B der 4-95´er von United Stirling mit einer Leistung von ca. 52 kW_{mech}.
Betrachtet man eine einzelne Sektion des Siemens-Motors, so erkennt man, dass es sich hierbei um den Alpha-Typ handelt.

2.3 Freikolben-Stirling-Maschinen

Bei Freikolbenmotoren bestehen keine mechanischen Verbindungen zwischen dem Arbeitskolben, dem Verdränger und der Umgebung. Beide Kolben können sich frei bewegen. Die umgewandelte Energie kann durch eine Membran (hydraulisch-mechanische Energie), durch einen Generator (elektrische Energie), durch Wärmetauscher (Wärme-, Kältetransport) oder durch eine beliebige Kombination dieser Elemente nach außen übertragen werden.
Prinzipiell können alle Arten der Stirlingmotoren in Freikolbenmotoren umgewandelt werden, indem man das nach außen führende mechanische Element (z.B. Pleuel, Schub-

stange, Zugstange, o.ä.) durch ein inneres Feder-Dämpfungssystem ersetzt. Die Feder ist oft als „Gasfeder“ (siehe Bild 29) ausgeführt, während als Dämpfung häufig bereits die Reibung zwischen Kolben und Zylinderwand ausreicht.

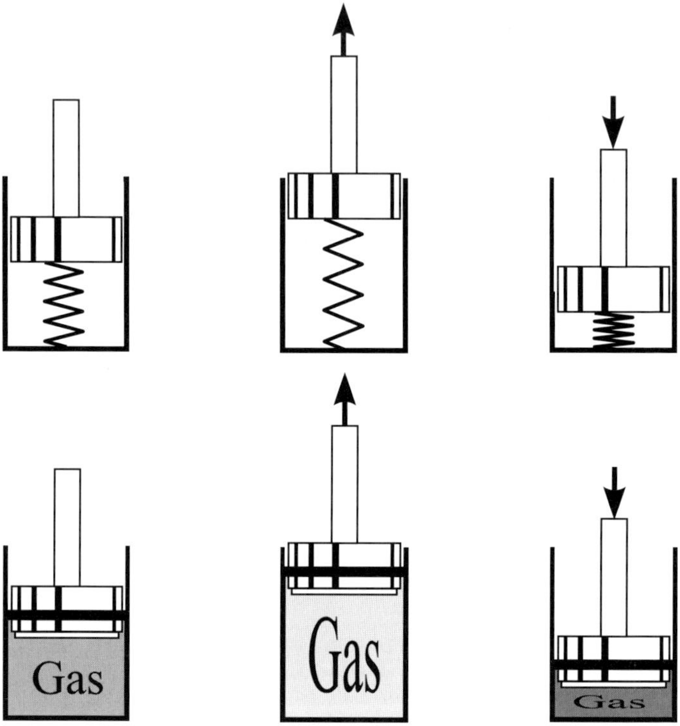

Abb. 29: Analogie zwischen mechanischer Feder (oben) und Gasfeder (unten)*.

Aus einem labilen Gleichgewicht heraus beginnen die Kolben bei den kleinsten Temperaturänderungen und der sich daraus ergebenden Druckänderung zu oszillieren, d.h. sie schaukeln sich gegenseitig auf. Für hohe Kolbengeschwindigkeiten sind externe Wärmetauscher notwendig. Trotzdem sind diese Maschinen wegen ihrer Einfachheit (nur zwei sich bewegende Teile und Fehlen von Seitenführungskräften auf die Kolben) und wegen der Umgehung aller Dichtungsprobleme sehr interessant und attraktiv.

Der Alpha-Freikolbenmotor

Der Alpha-Typ ist, wie oben beschrieben, ein einfachwirkender Motor. Damit bei den Alpha-, Beta- und Gammamotoren der Prozess ablaufen kann, müssen folgende Voraussetzungen erfüllt sein:

1. Der Verdrängerkolben muss sehr leicht gebaut sein, damit die Trägheit sehr klein bleibt. Dadurch ist auch ein rasches Ansprechverhalten auf Laständerungen bzw. Druckänderungen garantiert.
2. Der Arbeitskolben muss massiv ausgeführt werden, denn dieser muss eine große Trägheit besitzen (Energiespeicher, nahezu sinusförmige Schwingung).

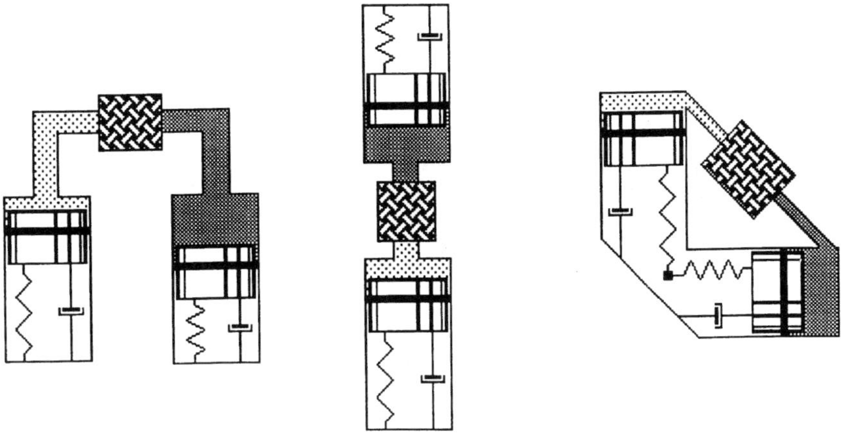

Parallele Zylinder Gegenüberliegende Zylinder V-Anordnung der Zylinder

Abb. 30: Verschiedene Bauformen der Alpha-Freikolbenmotoren.

Der Beta- und Gamma-Freikolbenmotor

Abb. 31 zeigt 4 Bauformen des Beta-Freikolbenmotors, die sich im wesentlichen durch die Art der Aufhängung von Arbeits- und Verdrängerkolben unterscheiden.

Abb. 32 zeigt zwei Bauarten des Gamma-Freikolbenmotors. Diese Bauart wird oft (insbesondere von G. Walker) als Split-Motor (geteilter Motor) bezeichnet.

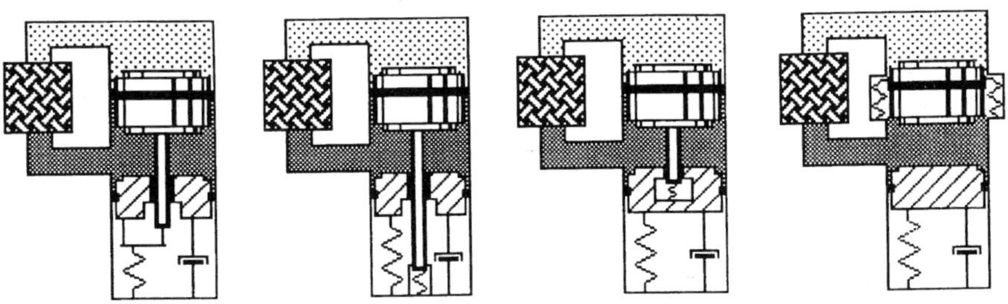

Abb. 31: Verschiedene Bauformen der Beta-Freikolbenmotoren.

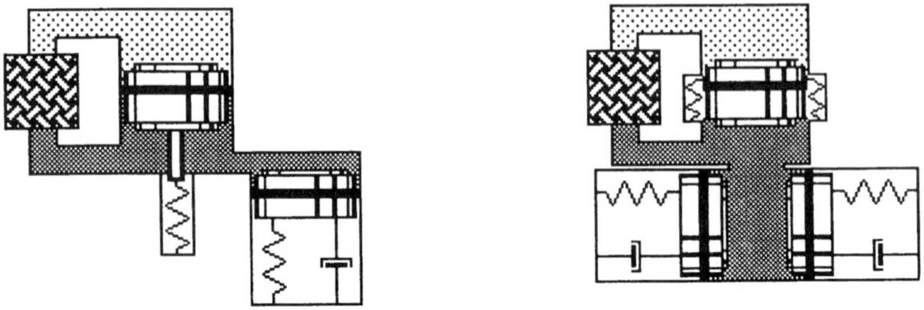

Abb. 32: Verschiedene Bauformen der Gamma-Freikolbenmotoren.

Der Siemens-Freikolbenmotor

Der in Kapitel 2.2 bereits besprochene Siemens-Stirlingmotor kann durch einfaches Weglassen der Verbindungsstangen und -pleuel in einen Freikolbenmotor umgebaut werden. Dieser Motor ist doppeltwirkend. Die Leistung kann auch dort mittels Linear-Alternatoren (s. Abb. 35: Membranstirlingmotor), die jeweils im Kompressionsraum eingebaut sind, in Form von elektrischem Strom nach außen geführt werden. Falls drei Zylinder dazu verwendet werden, so würde sich jeder Kolben mit einer Phasenverschiebung von ca. 120° zu den anderen bewegen. So ergäbe sich als Ausgangsgröße des Linear-Alternators ein dreiphasiger Wechselstrom.

Der Franchot-Freikolbenmotor

Auch dieser Motor entspricht der in Kap. 2.2 beschriebenen Bauart. Es werden lediglich die Pleuel durch Feder-Dämpfungssysteme ausgetauscht. Der Franchot-Freikolben-Stirlingmotor ist nichts anderes als ein Siemensmotor mit lediglich zwei Zylindern.

Die Duplex-Freikolben-Stirling-Wärmepumpe

Diese Maschine ist eine Kombination zwischen einer Wärmekraftmaschine und einer Wärmepumpe. Sie funktioniert ähnlich wie die Vuilleumiermaschine, muss aber im Gegensatz zu ihr nicht angetrieben werden, sondern schwingt selbständig bei Befeuerung mit konstanter Frequenz. Durch Durchmesservariation des Arbeitskolbens (mittlerer Kolben in Abb. 33) kann die benötigte Mindestumgebungstemperatur eingestellt werden.

Die Stirling-Wärmepumpe mit schwingender Luftsäule

Die in Abb. 33 gezeigte Duplex-Stirling-Wärmepumpe ist eine reine Freikolben-Bauform mit drei freischwingenden Kolben. Der Nachteil dieser Maschine ist zum einen, dass der Arbeitskolben (befindet sich in der Mitte) periodisch hohen Druckdifferenzen ausgesetzt ist (und das bei Trockenschmierung), so dass eine solche Maschine nach einer konstanten Schwingung verlangt, damit die Reibung auch nach längerer Zeit

Diese Maschinen haben die Vorteile eines sehr einfachen Verdrängerantriebes, gepaart mit den Vorteilen einer konventionellen Arbeitsabgabe über eine rotierende Arbeitswelle. Die Nachteile dieser Maschine sind die hohen Seitenkräfte auf den Kolben, die Maßnahmen, jene auszugleichen, und die nach bisherigen Erfahrungen bestehende Empfindlichkeit gegen Last- und Drehzahländerungen.
Ändert sich die Last oder/und die Drehzahl der Abtriebswelle, so entsteht eine Differenz zwischen der Frequenz des Arbeitskolbens und der des Verdrängers, d.h. die Maschine stoppt sofort. Um den Motor in einem größeren Drehzahlbereich betreiben zu können, müsste über ein aufwendiges Regelungssystem die Federkonstante und damit die Resonanzfrequenz des Verdrängers variiert werden. Der dafür nötige Aufwand dürfte den Vorteil des einfachen Verdrängerantriebs überwiegen. Doch es bleibt ein Lichtblick für dieses Prinzip: Bei den momentanen Erfolgen in der Schwingungsforschung könnte diese Maschine noch zu einem entscheidenden Durchbruch gelangen.

Der Martini-Verdrängermotor
Unter diesem Namen werden alle Motoren zusammengefasst, in welchen der Verdrängerkolben von einem Hilfsmotor angetrieben wird. Dieser arbeitet unabhängig von den Bewegungen des Arbeitskolbens und inneren Druckschwankungen. Diese Art des Stirlingprinzips wird vor allem für die medizinische Anwendung im künstlichen Herzen als Blutpumpe verwendet (vgl. Kapitel 6.2.3). Auch eignet er sich sehr gut für netzparallele Stromerzeugung (als Hilfsmotor wird ein Synchronmotor verwendet).

2.6 Der Flachplatten-Stirlingmotor (Kolin)

Diese Variante eines Stirlingmotors ist recht einfach und mit wenigen Bauteilen von jedermann herstellbar. Ivo Kolin entwickelte diesen Motor, der mit diskontinuierlicher Steuerung bereits bei einer Temperaturdifferenz von 16°C arbeitet. Das Flachplattensystem hat im Verhältnis zum Volumen eine größere Wärmeübertragungsfläche. Die Vorderwand wird beheizt (Sonne, Warmwasser, Brennstoff, etc.), die als Membran ausgeführte Rückwand ist luftgekühlt. Der Verdränger aus Styropor wirkt gleichzeitig als Regenerator. Der „Arbeitskreis Stirlingmotor München" (siehe Adressen) gibt eine sehr gut ausgearbeitete Selbstbauanleitung zur Kolin-Maschine heraus.
Kolin gibt zur Leistungsberechnung für seine Niedertemperatur-Stirlingmaschine folgende Näherungsformel an (Achtung: Formel gilt nur bei niedrigen Erhitzertemperaturen):

$$P = V \cdot \Delta T^3 / 2 \cdot 10^8 \qquad P \text{ in kW; } V \text{ in dm}^3\text{; } \Delta T \text{ in K}$$

Eine weiterentwickelte Variante dieses Motors stammt von Herrn Eckhart Weber aus Nürnberg. Anstelle einer flachen Platte wählte er aus Stabilitätsgründen eine Kegel-

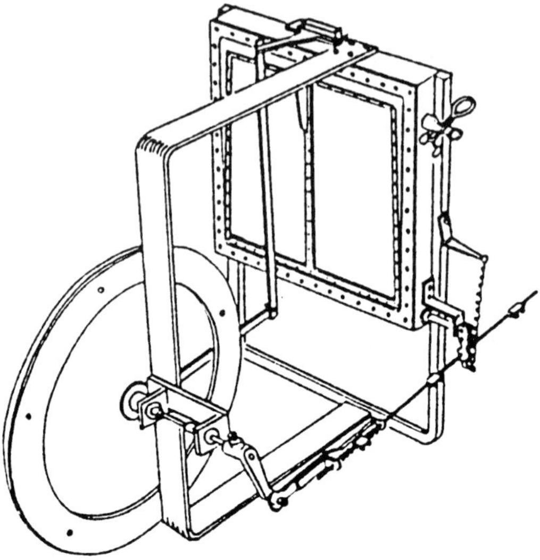

Abb. 40:
Neuer Flachplatten-Stirlingmotor von Prof. Dr. Ivo Kolin; Uni Zagreb (1989)

form. Auf verschiedenen Messen stellte er diese anschaulichen Maschinen vor. Bei einem Quadratmeter sonnenbeschienener Fläche fördert die integrierte Pumpe etwa 1 m^3/h bzw. 16 l Wasser pro Minute bei einem Meter Förderhöhe. Inzwischen wurden von Herrn Weber noch einige neue Maschinen mit optimierter Flachplattentechnik gebaut und vorgestellt (siehe Abb. 46, 72, 73). Seine Maschinen wurden bis zur Serienreife zum Bau von Wasserpumpen in der 3. Welt entwickelt.
Im Jahr 1993 entwickelte Ivo Kolin die Vuilleumier-Flachplattenmaschine (Größe 23 · 23 cm). Auch bei dieser Maschine konnte die diskontinuierliche Verdrängersteuerung verwirklicht werden.
E. Weber von Sunmachine hat im Jahr 2003 das Modell eines selbststartenden Flachplatten-Stirlingmotors vorgestellt.

Abb. 41
Modell eines Freikolben-Flachplattenstirlings als solare Wasserpumpe von Sunmachine. Der Motor ist selbststartend.
Photo: Sunmachine

2.7 Flüssigkolbenmaschinen

Ein weiteres Mitglied der Stirlingfamilie ist die Flüssigkolbenmaschine. Sie wurde von Dr. Colin D. West, der ein interessantes Buch darüber schrieb (Liquid Piston Stirling Engines), an dem AERE (Atomic Energy Research Establishment) in Harwell erfunden. In diesem Buch sind viele Möglichkeiten der Flüssigkolben-Stirlingmaschine ebenso wie ausführliche thermodynamische Berechnungen aufgezeigt [20].

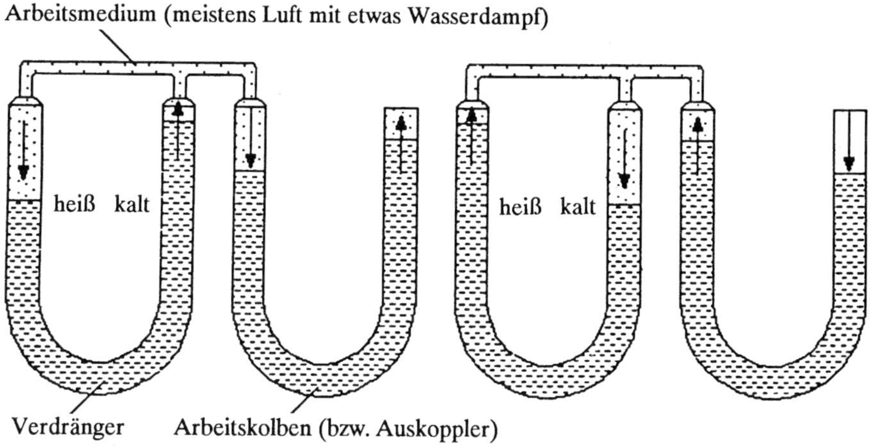

Abb. 42: Prinzip der Fluidyne (links: Luft ist erwärmt; rechts: Luft ist abgekühlt).

Funktionsbeschreibung: Die Maschine wird durch Einschalten einer äußeren Wärmequelle in Gang gesetzt. Steigt nun die Temperatur weit genug an, so wird die Wassersäule instabil: Sie beginnt von einer Seite des Verdrängers zur anderen leicht hin- und herzuschwingen. Strömt das Wasser aus dem heißen Zylinder in den kalten, so wird die Luft über das Verbindungsrohr in den heißen Zylinder gesaugt. Dort wird sie erwärmt, und der Druck im gesamten Verbindungsrohr steigt an. Dadurch drückt es den Arbeitskolben nach unten. Der Kreisprozess schließt sich, wenn das Wasser aus dem kalten in den heißen Zylinder zurückfließt. Diesmal

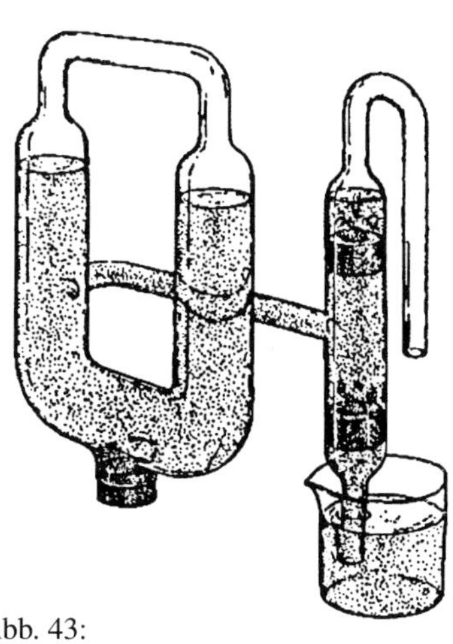

Abb. 43:
Schema und Modell einer Jetstream-Fluidyne-Wasserpumpe.

wird die Luft im kalten Zylinder abgekühlt und der Druck nimmt ab. Wieder gleicht der Arbeitskolben diesen Unterdruck aus. Wird nun Wärmeenergie zugeführt, aber keine Energie abgeführt, schaukelt sich die Maschine hoch.
Die Arbeit kann durch Membran, Kipphebel oder durch ein hydraulisches Getriebe abgenommen werden. Auch eignet sich diese Maschine, wie es in Abb. 37 dargestellt ist, hervorragend als einfache Pumpe.
Diese meist sehr einfach aufgebauten Motoren bzw. Pumpen lassen sich relativ schnell auch von Laien nachbauen.

Abb. 44:
Jetstream-Fluidyne-Wasserpumpe in verbesserter Anordnung (Schema).

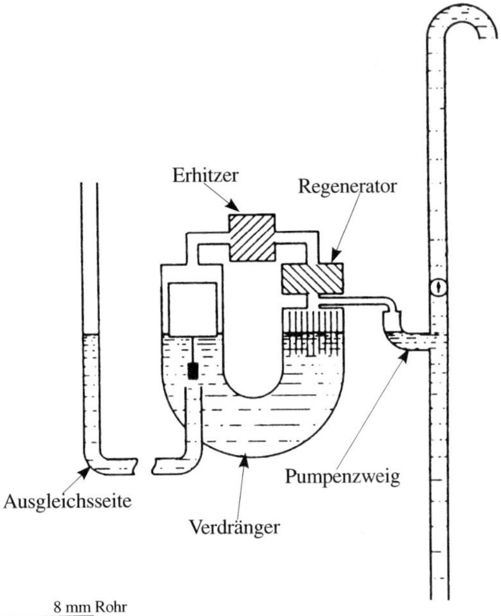

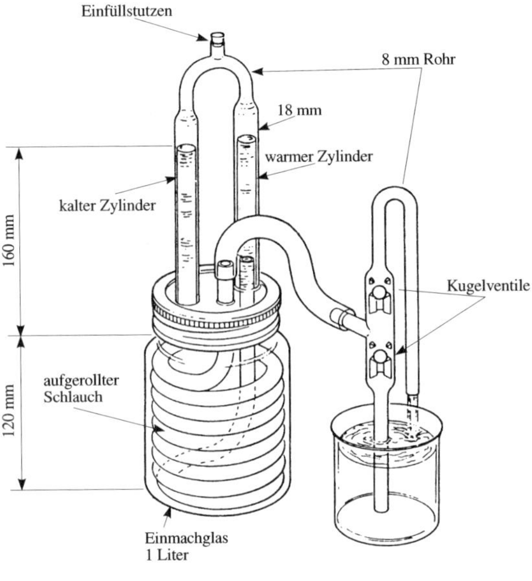

Abb 45:
Funktionsfähiges Modell einer Jetstream-Fluidyne-Wasserpumpe.

Abb. 46: Modell eines Flüssigkolbenstirlings von Sunmachine als solare Wasserpumpe.

2.8 Die Vuilleumiermaschine (regenerative Wärmepumpe)

Im Jahre 1918 wurde Rudolph Vuilleumier für einen neuartigen Prozess zur Erzeugung von Kälte ein Patent erteilt. Er beschrieb dabei eine Maschine, deren drei variable Volumina auf verschiedenen Temperaturniveaus durch Regeneratoren verbunden sind. Durch Zuführung von Wärme (z.B. Verbrennung) bei der höchsten Temperatur wird Kälte auf dem tiefsten der drei Temperaturniveaus erzeugt.
Allerdings wurde erst 1960 von der NASA eine Vuilleumier-Maschine zur Kühlung von Infrarotdetektoren gebaut. Man hatte sich an diesen Prozess erinnert, da sein Betriebsmittel Helium noch bei tiefsten Temperaturen gasförmig ist. Außerdem garantieren die geringen mechanischen Belastungen in der Maschine einen langen, wartungsfreien Betrieb. Anhand des idealen Prozesses in Kapitel 1.3.2 kann man die Funktion der Maschine in Abb. 47 besser verstehen.
Industriell werden seit Anfang der achtziger Jahre in Dänemark Vuilleumierkältemaschinen gebaut, die Verwendung auf Fischkuttern finden. Hierbei nutzt man die Abwärme der Schiffsdiesel als Antriebswärme zur Erzeugung von Eis und damit zur Kühlung von Fischen.

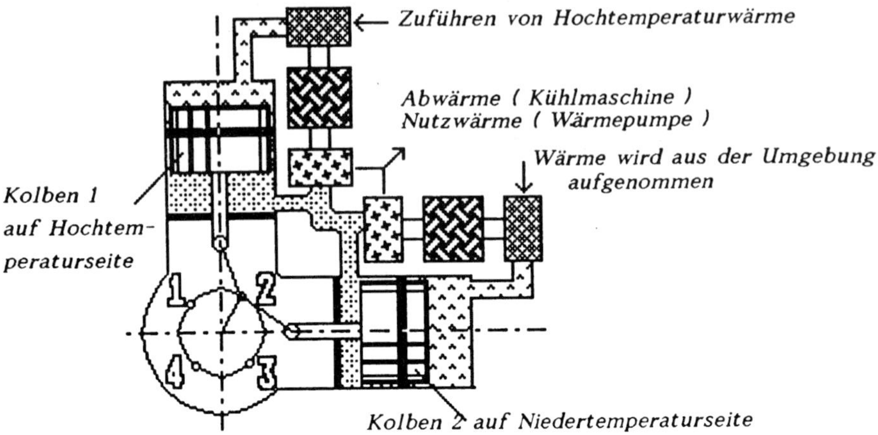

Abb. 47:
Konstruktionsschema einer Vuilleumier-Wärmepumpe nach dem Konzept von F.X. Eder.

Eine weitere Möglichkeit, den Vuilleumierprozess technisch zu verwirklichen, kommt von F.X. Eder, München. Diese Maschine ist mit einem Kurbeltriebwerk versehen, und die Zylinder stehen in einer 90°-V-Anordnung. Erste Testergebnisse dieser beachtlichen Maschine liegen bereits vor. Parallele Entwicklungen laufen an der TU of Denmark unter H. Carlsen, der mit seiner Crew eine sehr ähnliche Maschine auslegte und baute. Beide wussten nichts voneinander. Die Testergebnisse wurden ebenfalls veröffentlicht.

2.9 Ericsson-Maschinen

Ericsson-Maschinen, früher auch als kalorische Maschinen bezeichnet, werden in der Literatur häufig beschrieben und wurden des öfteren gebaut. Sie sind den geläufigen Stirlingmaschinen sehr ähnlich. Der einzige Unterschied besteht darin, dass die Ericsson-Maschinen Steuerventile besitzen, die dem Fluid den Durchgang durch den Arbeitsraum erlauben und den Fluss des Arbeitsmediums steuern.
Leider kann hier auf die sehr interessanten Ericsson-Maschinen nicht näher eingegangen werden, da dies den Rahmen dieses Buches sprengen würde.

3 Ausführung des Triebwerks

3.1 Kurbeltriebwerke

Kurbeltriebwerke, wie sie seit Jahrzehnten in sämtlichen Maschinen und Motoren eingebaut und betrieben werden, erscheinen aus heutiger Sicht unkomplizierter und beherrschbarer als andere Ausführungen.

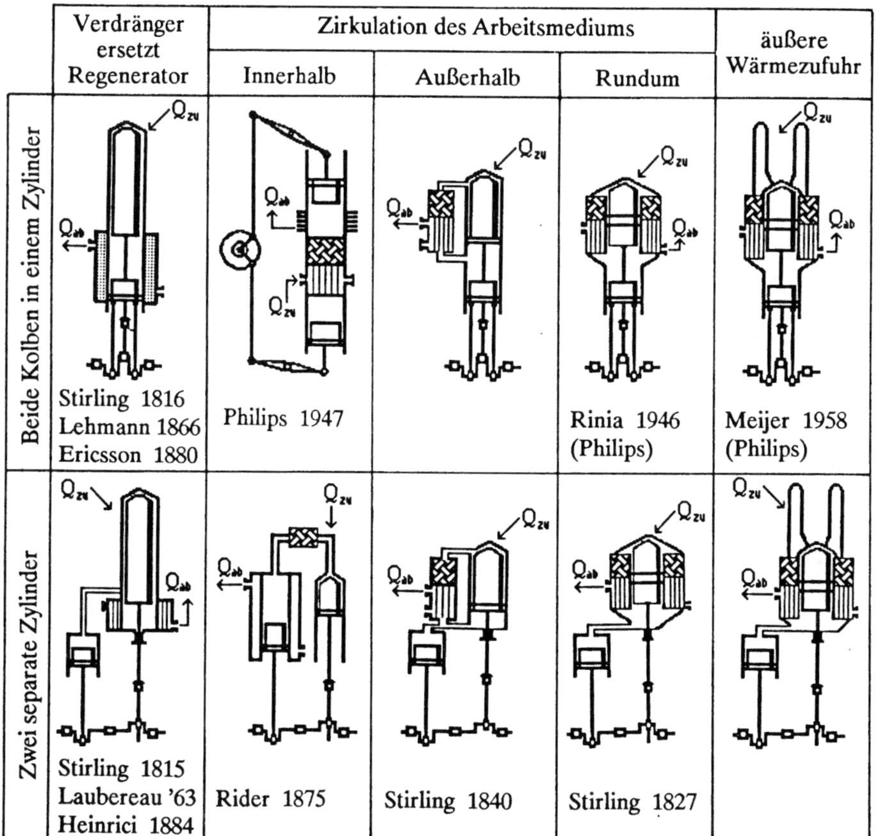

Abb. 48: Kurbeltriebwerke verschiedener Stirlingmotoren.

Kurbeltriebwerk mit direkt angetriebenem Verdränger

Nach diesem Prinzip wurden bereits unzählige Bauarten ausgeführt, weitere sind denkbar. Hier sind klassische Lösungen wie die Kurbelwelle mit Pleuel, die bei den Verbrennungsmotoren seit über hundert Jahren benutzt wird, genauso vertreten wie komplizierte Anordnungen von Kurbeln, Kurbelschleifen, Zahnrädern, Winkelhebeln und Zugbändern. Auch können die Motoren ein- oder zweifachwirkend aufgebaut sein. Abb. 48 zeigt eine Übersicht über einige, bereits realisierte Kurbelanordnungen.

Um eine wirksame Abdichtung und ebenso eine lange Lebensdauer der Dichtungen zu garantieren, werden Schubstangen mit Kreuzköpfen eingesetzt. Damit werden die Dichtungsprobleme genauso bedeutend verringert wie die Probleme, die mit den Seitenkräften des Kolbens gegen die Zylinderwandung auftreten. Das heißt, es ist weder eine Desachsierung des Kolbenbolzens notwendig noch irgendwelche Maßnahmen, die einen Schlag gegen die Zylinderwand vermindern.

Ein weiteres Problem stellt der dynamische Ausgleich der Massenkräfte höherer Ordnung dar. Bei Einzylindermotoren ist ein vollständiger Ausgleich nicht möglich. Mehrzylinder-Stirling-Motoren dagegen können dynamisch ziemlich gut ausgeglichen werden. Hierzu wird eine zusätzliche Ausgleichswelle benötigt. Damit bleiben auch die Dichtungen frei von Seitenkräften, was sich günstig auf den Verschleiß und somit auf die Lebensdauer auswirkt.

Bei der U-Anordnung sind die Kurbelwellen durch Zahnräder 1:1 gekoppelt. Die in Abb. 49 gezeigten Motoren wurden in der Leistungsklasse über 50 kW als Vierzylinder-Motoren gebaut.

Auch der erfolgreiche MOD II-Motor von MTI wurde ähnlich wie die V-Anordnung in Abb. 49 (links) gebaut. Diese Triebwerksversionen eignen sich gut für die Leistungsklassen ab 5 kW. Nach oben sind bei diesen Anordnungen kaum Grenzen gesetzt.

Bei der Variante in Abb. 50 sind kalter Raum und warmer Raum in zwei getrennten Zylindern in V-Anordnung untergebracht. Ein Exemplar dieses »V 160«-Motors wurde in Stuttgart bei der DLR getestet.

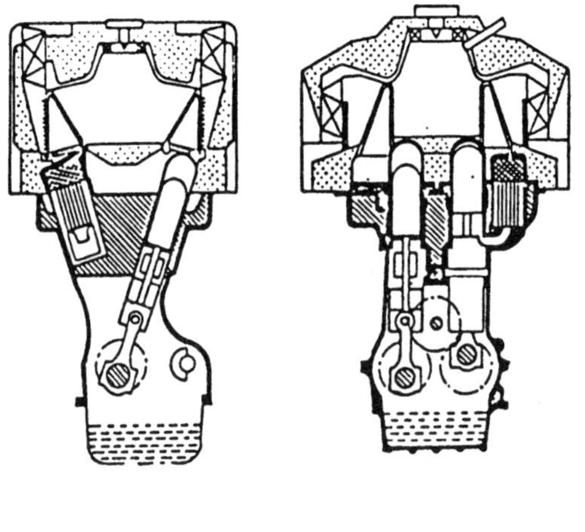

Abb. 49:
Beispiele einer V- und einer U-Zylinderanordnung von United Stirling AB.

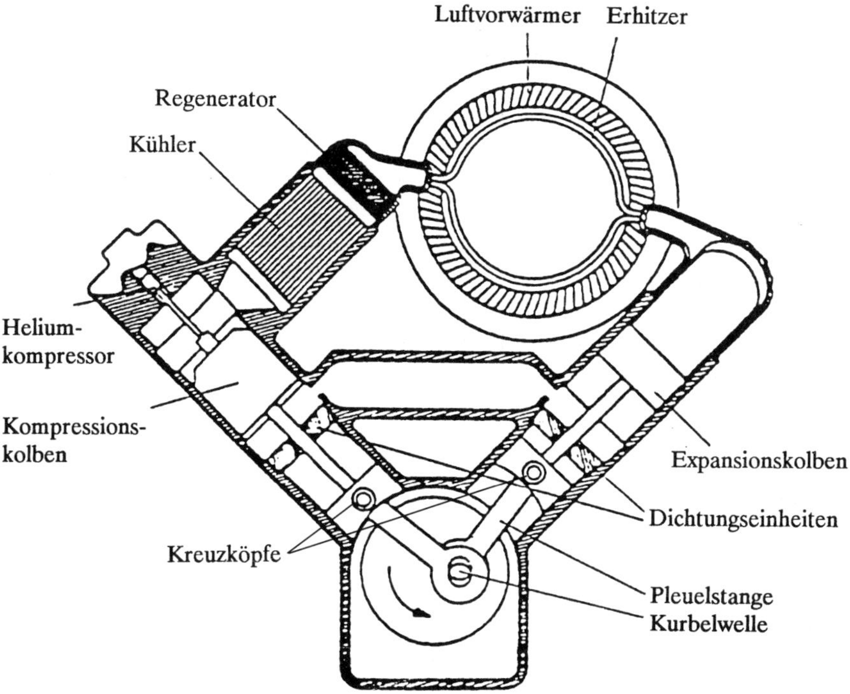

Abb. 50:
V-Zylinderanordnung am ausgeführten Beispiel eines »V 160«-Motors von Stirling Power Systems Corporation, USA.

Kurbeltriebwerk mit hydraulisch- oder fremdangetriebenem Verdränger

Unter fremdangetriebenem Verdränger versteht man, dass der Verdränger mit einem eigenen Antrieb versehen ist. Die Drehzahl dieses Antriebs bestimmt die Arbeitsfrequenz der Maschine. Ein kleiner Einzylindermotor dieser Bauart ist von Philips (Niederlande) mit elektrisch angetriebenem Verdränger gebaut worden.
In den Bereich der hydraulisch angetriebenen Verdränger gehören auch die Hybrid- und Ringbommotoren (vgl. Kap. 2.5). Eine Sonderbauart des hydraulisch angetriebenen Verdrängers ist das hydrostatische Triebwerk.

Kurbeltriebwerk mit kontinuierlicher Verdrängersteuerung

Die meisten bisher gebauten Motoren haben eine nahezu sinusförmige und damit kontinuierliche Verdrängersteuerung. Diese hat den Vorteil, dass sie sich einfacher realisieren lässt, runder bzw. leiser läuft und eine höhere Lebensdauer zu erwarten ist als bei einer diskontinuierlichen Verdrängersteuerung.

Kurbeltriebwerk mit diskontinuierlicher Verdrängersteuerung

Vor über hundert Jahren hat Stenberg bereits mit dieser Steuerungsart an der Heißluftmaschine experimentiert. Doch er hatte die zusätzlichen Reibungskräfte nicht im Griff. Wie bereits erwähnt, wird durch eine diskontinuierliche Verdrängersteuerung, d.h. eine ruckartige Bewegung des Verdrängers, erreicht, dass die Ecken des idealen Prozesses besser ausgefahren werden können, was den Gesamtwirkungsgrad erhöht. Der Verdränger sollte dabei den Erhitzer solange abdecken, bis die Kompressionsphase beendet ist, und den Kühler solange abdecken, bis die Expansionsphase abgeschlossen ist. Mit anderen Worten: Die zwischen den Isothermen liegenden Isochoren sollten so schnell wie möglich durchfahren werden. Im Idealfall entstünde hier ein Phasenwinkel zwischen Arbeits- und Verdrängerkolben von 180°. Dies ist wegen der Masse des Verdrängers jedoch nicht erreichbar.

In letzter Zeit hat Professor Ivo Kolin, Uni Zagreb, Kroatien, den Gedanken der diskontinuierlichen Steuerung wieder aufgegriffen. Bei der in Abb. 51 dargestellten Maschine wird die von der Kurbelwelle herrührende, sinusförmige Bewegung in zwei ruckartige Bewegungen am Verdränger aufgeteilt. Damit ist es gelungen, in den Niedertemperaturbereich vorzustoßen. Die Maschine läuft bereits mit 16°C Temperaturunterschied.

Durch die verstellbaren Anschläge ist es regelungstechnisch gelungen, eine Totzeit einzustellen. Damit wird der Kreisprozess in den Ecken besser ausgefahren.

Im Maschinenbau sind jedoch noch viele weitere Möglichkeiten bekannt, ein solches Totzeitglied zu realisieren. Zum Beispiel ließe sich ein Schwungrad mit einer speziellen Kurvenscheibe versehen, die mittels Laufrolle und Gestänge die ruckartige Umsteuerung des Verdrängers bewirkt. Die Nachteile dieses Getriebes wie Klopfgeräusche und Nacheilen der Rolle bei Umsteuerung sind vor allem bei hoher Drehzahl erheblich.

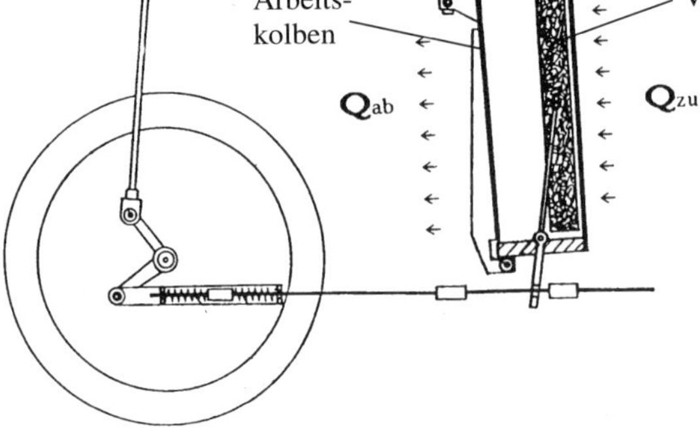

Abb. 51:
Schema der diskontinuierlichen Verdrängersteuerung beim Kolin-Stirlingmotor.

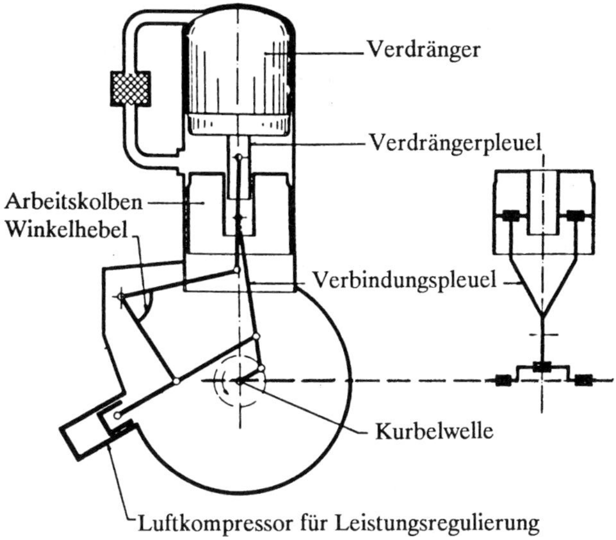

Abb. 52:
Der Philips-Stirlingmotor
Typ 102C von 1947.

Eine weitere Möglichkeit besteht darin, die Laufrolle auf einer Exzenterscheibe laufen zu lassen. Doch hier sind wieder die Anschläge wie beim Kolin-Motor erforderlich, die die Sinusschwingungen in diskontinuierliche Bewegungen umwandeln.
Auch Herr Kufner experimentierte viel mit diskontinuierlicher Steuerung. Er realisierte auch einige dieser Verdrängersteuerungen in seinen Motoren.

Kurbel-Winkelhebeltriebwerke
Darunter versteht man ein Triebwerk, das mit einem Winkelhebeltriebwerk die Kolben steuert und dessen mechanischer Abtrieb durch eine Kurbelwelle erfolgt. Im vorigen Jahrhundert kamen viele dieser Triebwerke zur phasenverschobenen Kolbensteuerung zum Einsatz. Sie hatten aber zwei entscheidende Nachteile: Erstens führte die große Zahl der bewegten Teile zu einem schlechten Wirkungsgrad und zweitens konnte ein Massenausgleich nicht durchgeführt werden.
In neuerer Zeit wurden zwei Bauformen dieser Kurbel-Winkelhebel-Triebwerke bekannt (Abb. 52 und Abb. 53).

• *Der Philips-Stirlingmotor von 1947*
Mit dem in Abb. 52 gezeigten Triebwerk wurden die ersten Philips-Stirlingmotoren (und Generator-Sets) ausgestattet. Damit ließen sich zunächst nur relativ kleine Leistungen von ca. 0,8 kW erreichen, wobei die Drehzahl wegen der schwierigen Auswuchtung maximal etwa 1.500 Umdrehungen/min. erreichte.
Inzwischen sind viele weitere Motoren nach diesem Prinzip gebaut worden, so zum Beispiel der ST 5 von Stirling Technology Inc. in Ohio/USA. Dieser Motor ist für den

Einsatz in Entwicklungsländern gedacht, und es wurden in den 80er Jahren 100 Stück in Indien gebaut. Insgesamt besticht das Getriebe durch die Robustheit und gute Montierbarkeit.

• *Der Ross yoke drive*

Dieses nach seinem Erfinder Andrew Ross aus Colombus/Ohio benannte Triebwerk arbeitet nicht sinusförmig und ist daher schwerer zu berechnen, hat aber den Vorteil, dass ein freies Wellenende zur Leistungsabnahme zur Verfügung steht.
Charakteristisch für dieses Getriebe ist das Dreieck, an dessen unterer Ecke eine Kurbel (bzw. ein Exzenter der Kurbelwelle) montiert ist, und an dessen anderen zwei Eckpunkten die Expansions- bzw. Kompressionskolben über Pleuelstangen befestigt sind. Dieses Dreieck wird durch den Querlenker in Position gehalten. Wegen der sehr geringen Seitenführungskräfte sind für die Kolbenführung keine Kreuzköpfe erforderlich. Durch entsprechende Variation der Dreiecksgeometrie ist es möglich, sowohl den Expansionskolbenhub, als auch den Kompressionskolbenhub frei zu wählen.
Das Ross-Triebwerk ist nur zur Verwendung in Maschinen mit parallel-liegenden Zylindern geeignet. Bisher fand dieses Getriebe nur bei relativ kleinen Alpha-Motor-Modellen Verwendung. Werden wie bei dem von A. Ross patentierten Vierzylinder die Kolben mit 180° Phasenverschiebung angesteuert, gleichen sich die sonst nicht unerheblichen Massenkräfte aus. Zum Ausgleich der Massenkräfte in Zweizylindern wird meistens eine Ausgleichswelle eingebaut.

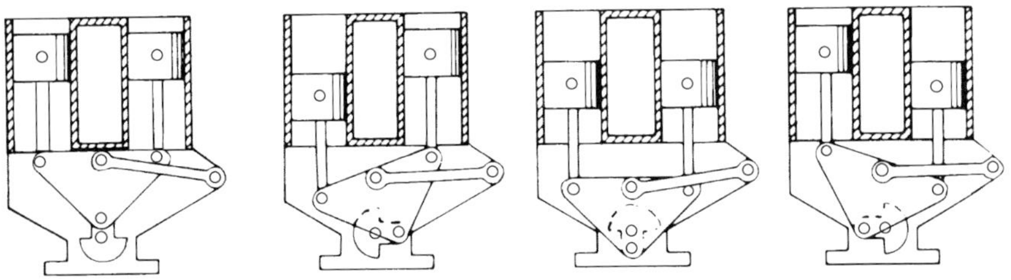

Abb. 53: Geometrie des Ross-Triebwerks.

3.2 Das Taumelscheibentriebwerk
(wobble plate drive, Siemensgetriebe)

Die Taumelscheibe ist über ein Lager (in Abb. 54) oder eine Kugel (in Abb. 55) mit dem Motor und ebenso mit dem Abtriebsrad exzentrisch verbunden. Am Umfang der Taumelscheibe sind die Pleuel kugelgelagert befestigt. Die Taumelscheibe selbst dreht sich nicht, sondern führt lediglich eine sinusförmige Präzessionsbewegung um die eigene Achse aus.
Leider wird in der meisten Literatur nicht zwischen Taumel- und Schiefscheibentriebwerk unterschieden, obwohl der Unterschied deutlich sichtbar ist. Die Schiefscheibe rotiert nämlich mit ihrer Achse.
Bei dem in Abb. 55 dargestellten Siemensmotor sollten durch die rechteckige Anordnung der vier Zylinder die Kolben jeweils mit 90° Phasenverschiebung sinusförmig bewegt werden. Allerdings wurde der Motor in dieser Form damals nie gebaut. Philips ersetzte bei diesem Prinzip die Taumelscheibe nach wenigen Versuchen 1944 durch ein Schiefscheibentriebwerk. Damit erreichte die Maschine eine Leistung von ca. 4 kW bei 3.000 U/min.

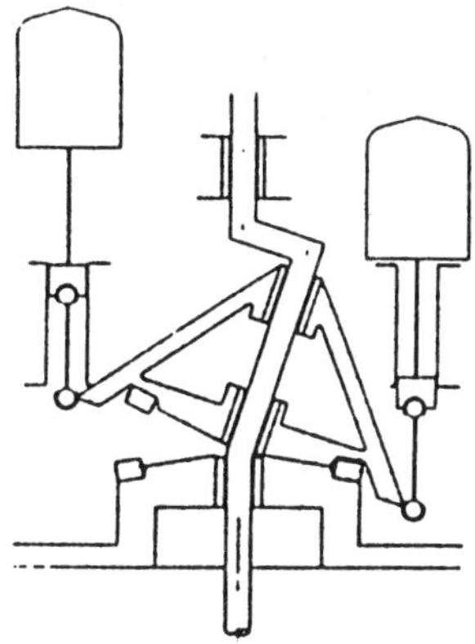

Abb. 54 (links):
Vereinfachtes Schema eines Taumelscheibentriebwerks.

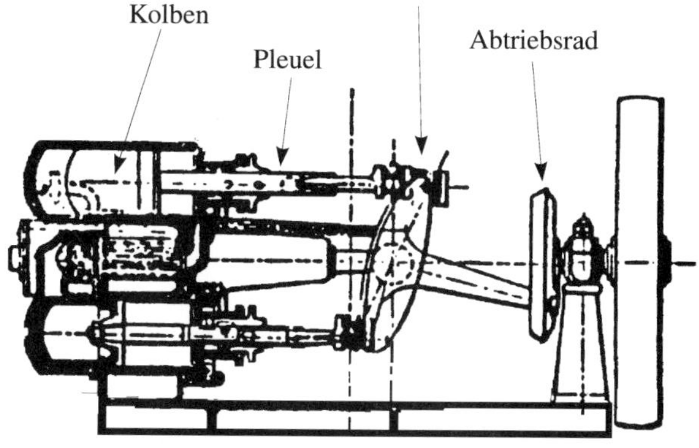

Abb. 55:
Der Siemens-Stirlingmotor mit Taumelscheibe.

1993 allerdings baute D.M. Clucas aus Neuseeland einen solchen Motor als Batterieladegerät für Yachten. Eine Beschreibung des in Abb. 56 dargestellten Motors wird in Kapitel 7.2 und 9.4. gegeben.

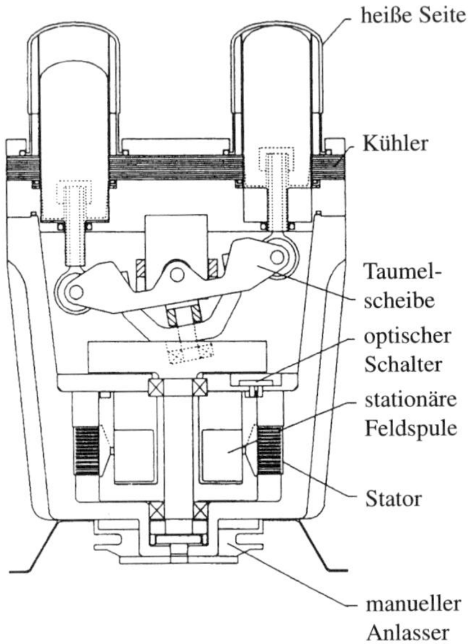

Abb. 56:
Der Clucas-Motor aus Neuseeland (vgl. Kap. 7.2).

Abb. 57
Schnitt durch den WisperGen (Clucas-Motor) mit Blick auf das Taumelscheibentriebwerk. Photo: Kübler

3.3 Das Schiefscheibentriebwerk (swash plate drive)

Dieses Triebwerk wurde von R.J. Meijer und seinen Mitarbeitern bei Philips entwikkelt. Es findet wegen seiner bestechenden Vorteile auch heute noch vielfältige Anwendungen. Zum einen lässt sich die Schräge der Scheibe sogar während des Laufes verändern, wodurch der Kolbenhub variiert und damit die Leistung schnell und effektiv gesteuert werden kann. Zum anderen ist eine sehr kompakte, stabile und damit auch leichte Bauweise möglich. Nachteilig bei diesem Triebwerk ist im Vergleich zu einer herkömmlichen Kurbelwelle die relativ teure Herstellung.
Das Triebwerk eignet sich besonders für den mobilen Einsatz in den mittleren Leistungsklassen (20 - 150 kW). Der wohl berühmteste, beste und erfolgreichste Motor mit diesem Getriebe ist der Typ „STM 4-120". Er wurde von R.J. Meijer und seinem Team mit 50-jähriger Stirlingerfahrung bei Philips und STM entwickelt und schließlich bei „Stirling Thermal Motors" (STM) in Michigan/ USA gebaut.

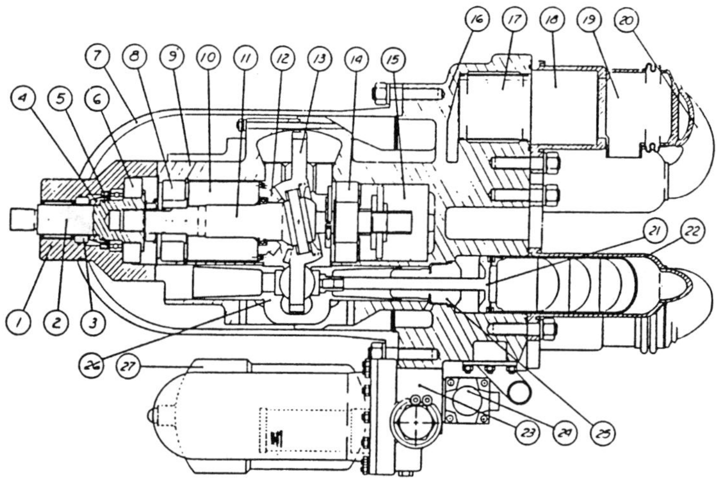

Abb. 58: Schnittzeichnung des STM 4 - 120 Stirlingmotors.

(1)	Wellendichtsatz	(10)	Verstellmotor	(19)	Erhitzer
(2)	Abtriebswelle	(11)	Hauptwelle	(20)	Wärmerohr
(3)	Axialdichtring	(12)	Verstellgetriebe	(21)	ZB Kolben
(4)	Abstandsring	(13)	Schiefscheibe	(22)	Zylindergehäuse
(5)	Radiallippendichtung	(14)	vorderes Hauptlager	(23)	hydr. Wartungseinheit
(6)	Axiallager	(15)	Ölpumpenmodul	(24)	Leistungskontrollventil
(7)	Druckgehäuse	(16)	vord. Kurbelgehäuse	(25)	Ölabweiserdichtsatz
(8)	hinteres Hauptlager	(17)	Kühler	(26)	Kreuzkopf
(9)	hinteres Kurbelgeh.	(18)	Regenerator	(27)	Druckspeicher

3.4 Das Rhombentriebwerk

Das Rhombentriebwerk wurde 1953 ebenfalls von R.J. Meijer und seinem Team in den Philips-Laboratorien entwickelt. Mit diesem Triebwerk war es erstmals möglich, die maximalen Drehzahlen (ca. 3.000 U/min.) und die Arbeitsdrücke (bis 150 bar) entscheidend anzuheben, um somit ein wesentlich günstigeres Leistungsgewicht zu bekommen. Der bestechende Vorteil dieser Triebwerksart liegt darin, dass ein vollkommener Massenausgleich bereits bei einem Einzylindermotor realisierbar ist. Der Motor läuft praktisch geräusch- und schwingungsfrei.

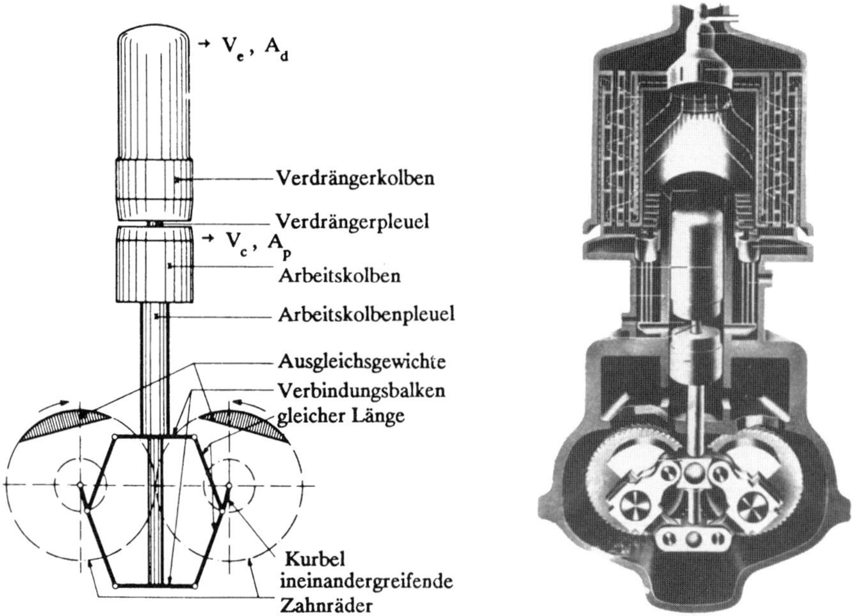

Abb. 59: Prinzip und Ausführung des Rhombentriebwerks von Philips

Volumenberechnung nach I. Urieli:

Geometrie:	$b_0 = \sqrt{(L^2 - (e + r \cdot \cos \Theta)^2)}$
Kompressionsvolumen:	$dV_c/d\Theta = -2A_p \cdot r \cdot \sin \Theta \, (e + r \cdot \cos \Theta)/b_0$
Expansionsvolumen:	$dV_e/d\Theta = -(dV_c/d\Theta) \cdot A_d / (2A_p) - A_d \cdot r \cdot \cos \Theta$

r= Kurbelradius, e = Exzentrizität des Zahnrads, L = Länge der Verbindungsstangen

Außerdem ist es mit diesem Triebwerk möglich, in Verbindung mit einer Rollsockendichtung das Kurbelgehäuse unter Umgebungsdruck zu halten.
Nachteilig sind die Reibung zwischen den Zahnrädern sowie die große Anzahl und die

Kompliziertheit der bewegten Teile. Somit ist der Stirlingmotor mit diesem Triebwerk, wie sich Anfang der 70er Jahre herausstellte, zu teuer für eine serienmäßige Produktion. Die Kosten wurden auf das zwei- bis dreifache eines leistungsgleichen Dieselmotors berechnet.
Philips baute damals einige Prototypen als Ein- und Vierzylinder. Die Leistungsspanne reichte von 0,2 bis zu etwa 70 kW pro Zylinder. Als Lizenznehmer von Philips experimentierte auch General Motors mit Rhombentriebwerken. Die Motoren, die aus dieser Zusammenarbeit entstanden, sind in Tabelle 2 aufgeführt.

3.5 Rotationskolbenmaschinen (RKM)

Während bei den heute weitverbreiteten Hubkolbenmaschinen nur wenige grundsätzliche Bauarten möglich sind, gibt es bei den Rotationskolbenmaschinen überaus viele Variationen. Ähnlich wie bei den Stirlingmotoren ist die Fülle der Möglichkeiten so groß, dass sie sogar die Verwirklichung dieser Maschinen behindert hat. Man suchte immer neue, noch bessere Bauarten und schenkte den Hauptproblemen, vor allem der Abdichtung der Arbeitsräume, nicht genügend Beachtung.
Die große Anzahl grundsätzlicher Bauarten, von der jede einzelne in vielen und unterschiedlichen Bauformen erscheinen kann, erschwerte auch die folgende Einteilung (aus „Einteilung der Rotationskolben-Motoren“ von F. Wankel) erheblich. Die Rotationskolbenmotoren gliedern sich nach ihrem Schwerpunktverhalten in Drehkolben-, Kreiskolben- und Umlaufkolbenmaschinen. Ein weiteres Unterscheidungsmerkmal ist die Lage der Drehachsen, und zwar:

- parallelachsige RKM,
- winkelachsige RKM,
- geschränktachsige RKM,

die wiederum in innenachsige, außenachsige und mittelachsige Bauformen unterteilt werden. Ein letztes Unterscheidungsmerkmal ist die Eingriffsart. Die parallelachsige Rotationskolbenmaschine wird zum Beispiel wieder nach Kämm-, Schlupf-, Kreis-, Gegen- und Hubeingriff unterschieden.
Viele der Rotationskolbenmaschinen können ebenso als Motor wie auch als hydrostatisches Triebwerk ausgeführt werden (vgl. Kap. 3.6: „hydrostatisches Triebwerk“). Prinzipiell ist es sogar möglich, alle Rotationskolbenpumpen in Stirlingmaschinen oder in hydraulische Triebwerke umzubauen und umgekehrt.

Die Drehkolbenmaschine (DKM)
Drehkolbenmaschinen haben nur gleichförmig drehende Teile, die unmittelbar in sich auszuwuchten sind. Ihre Lager sind also nicht fliehkraftbelastet. Diese Maschinen eignen sich infolgedessen für höchste Drehzahlen.

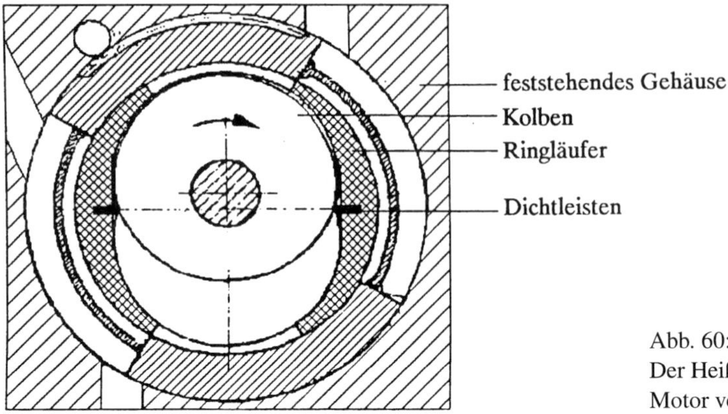

Abb. 60:
Der Heißgas-Drehkolben-Motor von Eugen Huber.

Ein Beispiel für diese Bauart ist die Heißgas-Drehkolbenmaschine (1971) von Eugen Huber, München (Prinzip von Cooley 1901).

Die Kreiskolbenmaschine (KKM)

Kreiskolbenmaschinen haben nur gleichförmig bewegte Teile, von denen mindestens eines kreist, d.h. sein Schwerpunkt läuft auf einer Kreisbahn gleichförmig um und es dreht sich zusätzlich gleichförmig um diesen Schwerpunkt. Dieses kreisende Teil ist nur mittelbar, also über eine Lagerstelle auswuchtbar.

Je nach Ausbildung der fliehkraftbelasteten Lagerstellen sind diese Maschinen für mittlere bis hohe Drehzahlen geeignet.

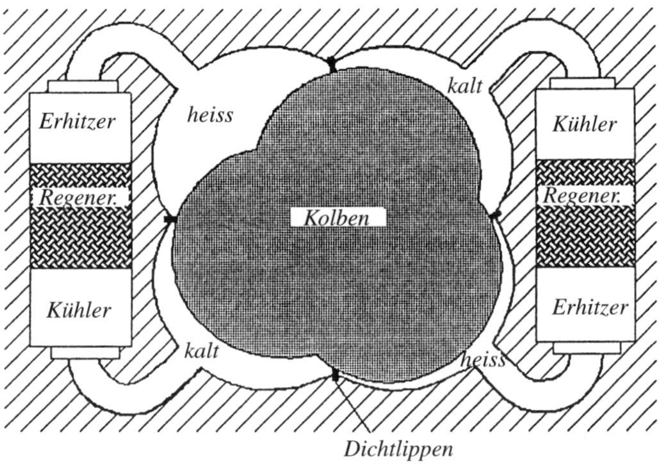

Abb. 61: Kreiskolben-Stirlingmotor nach einem Patent der Daimler Benz AG (1970).

Ein Beispiel eines Stirlingmotors dieser Bauart, mit dem sich Daimler Benz längere Zeit beschäftigte, ist eine „innenachsige Kreiskolbenmaschine mit äußerer ruhender Wandung und Kämmeingriff".

Die Umlaufkolbenmaschine (UKM)
Das Leistungsteil oder ein anderes Arbeitsraum-Wandlungsteil (und somit auch der Schwerpunkt der Umlaufkolbenmaschine) dreht, kreist, durchläuft eine kreisartige Kurve oder vollführt eine translatorische Bewegung ungleichförmig. Somit sind diese Maschinen kaum auswuchtbar und nur für niedere bis mittlere Drehzahlen verwendbar.

Die drehkolbenartige Umlaufkolbenmaschine
Hierbei dreht ein Drehkolben-Leistungsteil ungleichförmig. Ein Beispiel ist die Stirlingmaschine von W. Ried, die noch im Planungsstadium ist. Es handelt sich hierbei um eine „kreiseleingriffähnliche, mittelachsige, drehkolbenartige Umlaufkolbenmaschine mit äußerer ruhender Wandung". Von dieser Maschine ist bekannt, dass sie als hydraulische Pumpe, als Wärmepumpe, als Expanderteil einer Dampfmaschine und als Stirlingmotor mit Schlitzsteuerung konstruiert und als Plexiglasmodell gebaut wurde. Bei der gezeigten Maschine müssen, wenn sie als Stirlingmotor ausgelegt wird, zwei Zylinder mit je zwei Kolben um 90° versetzt über einen Regenerator verbunden sein. Auch hier zeigt sich ein Grund für die eher bescheidenen Erfolge der Rotationskolbenmaschinen: Da diese Maschine lediglich auf dem Papier steht und noch nie der Beweis der wirtschaftlichen Funktion erbracht wurde, scheut sich die Industrie, in ein so ungewisses Projekt zu investieren.

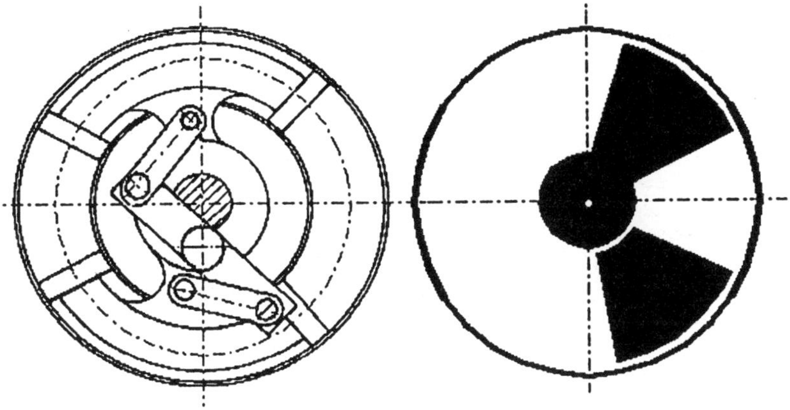

Abb. 62:
Drehkolbenartige Umlaufkolbenmaschine nach dem Patent von F. Munzinger, die durch Herrn W. Ried für eine Stirlingmaschine ausgelegt wurde.

Die kreiskolbenartige Umlaufkolbenmaschine
Hierbei kreist ein Kreiskolben-Leistungsteil ungleichförmig, durchläuft eine kreisartige Kurve oder bewegt sich ungleichförmig um seinen kreisenden Schwerpunkt. Es ist nicht bekannt, ob eine Stirlingmaschine dieser Bauart existiert.

3.6 Hydrostatisches Verdrängertriebwerk

Die Bewegung eines Hubkolbens wird mittels Flüssigkeit auf einen Rotationskolben und umgekehrt übertragen. Vorteile dieser Triebwerksart sind:

- Die am Kolben wirkenden Kräfte und Wege können nahezu beliebig umgelenkt, umgeformt und übersetzt werden.
- Das Volumen der Flüssigkeit kann während des Betriebes verändert werden, so dass oberer und unterer Umkehrpunkt des Hubkolbens veränderbar sind.
- Das einem Hubkolben zugeordnete Flüssigkeitsvolumen kann aus zwei Teilströmen bestehen, die beliebig addiert und subtrahiert werden können (Hubvolumen).
- Es besteht eine große Freizügigkeit in der räumlichen Zuordnung von Zylindern und Triebwerk.
- Es wirken keine Seitenkräfte zwischen Hubkolben und Zylinder.

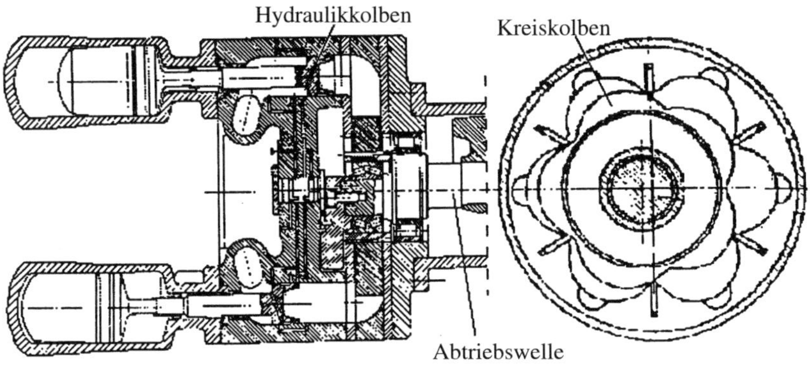

Abb. 63:
Doppeltwirkender Sechszylinder-Heißgasmotor mit hydrostatischem Kreiskolbentriebwerk. Die Rollsockendichtung trennt den Hochdruck-Arbeitsraum von der Hydraulik.

4 Wärmequellen

Einer der größten Vorteile der Stirlingmaschine gegenüber anderen Verbrennungsmotoren liegt in seiner Vielstofffähigkeit. Der Stirlingmotor ist ein „Allesfresser". Er kann, je nach Brenner, mit allem betrieben werden, was eine Temperaturdifferenz hervorruft. Dabei darf jedoch nicht übersehen werden, dass bei sinkenden Verbrennungstemperaturen die Temperaturdifferenz und damit auch der thermische Wirkungsgrad sinkt. Im folgenden werden nun die wichtigsten Wärmequellen behandelt, mit denen Stirlingmotoren bereits getestet wurden.

4.1 Feste Brennstoffe

Die Vorteile der hier aufgeführten Festbrennstoffe liegen in der problemlosen und ungefährlichen Speicherung. Die erreichbaren effektiven Wirkungsgrade sind jedoch niedriger als bei flüssigen oder gasförmigen Brennstoffen. Dieser Unterschied ergibt sich aus folgenden Gründen:

- Für eine vollständige Verbrennung ist bei älteren und schlechten Kesselanlagen mehr Luftüberschuss notwendig, dadurch sind die Abgasverluste höher; neuere Anlagen für flüssige und gasförmige Brennstoffe sind in der Lage, ohne Luftüberschuss optimal zu verbrennen.
- Es gibt im allgemeinen höhere Verluste durch Brennbares in der Schlacke, durch Flugkoks, Ruß, unverbrannte Gase und durch fühlbare Wärme in den Verbrennungsrückständen.
- Die Verbrennung kann nicht so exakt gesteuert werden.
- Bei der Verbrennung von Feststoffen sollte eine bestimmte Verbrennungstemperatur (bei Kohle 1.100°C, bei Holz 1.500°C) nicht überschritten werden, weil sonst Schlackebildung aus verflüssigter Asche einsetzt, die zur Verkrustung des Erhitzers führt.
- Es muss eine gewisse Restwärme vorhanden sein, um den Abzug zu gewährleisten. (Eine bessere Möglichkeit ist ein Rauchgasventilator.) Es besteht allerdings die Möglichkeit, mit Hilfe eines Brennwertgerätes, das den Wasserdampf im Abgas kondensiert, den Wirkungsgrad einer optimierten Feststoffverbrennung fast auf den einer Gas- oder Flüssigstoffverbrennung anzuheben.

Holz

Holz hat einen unteren Heizwert H_u = 10,5 - 15,5 MJ/kg und kann sehr schadstoffarm und vor allem schwefelfrei verbrannt werden. Gerade in ländlichen Gegenden, wo viel Schnitt- und Restholz anfällt und oftmals sowieso mit Holz geheizt wird, wäre es sinnvoll, den Wirkungsgrad von Holzfeuerungsanlagen mit Hilfe einer Stirlingmaschine zu steigern. Holz fällt in vielfältiger Form (als Sägespäne, Hackschnitzel, Äste) an. In

Tokio wurde ein Stirlingmotor (P = 10 kW) mit Holzbriketts, die aus gepressten Rinden und Schnittholzchips hergestellt wurden, über eine spezielle Beschickungsanlage erfolgreich betrieben.
Auch W. Kufner hat in Zusammenarbeit mit der Firma Maurus eine solche Anlage gebaut. Ein ST 05 von D. Viebach läuft in Ingolstadt mit Biomassefeuerung (anfangs Holzhackschnitzel, neuerdings Pellets; näheres in Kapitel 7.1).

Abb. 64:
Biomassefeuerung (Pellets)
mit ST 05 G
Photo: H. Eckl

Das Ergebnis einer Recherche der Forschungsgesellschaft Joanneum, die sich mit der Technik von holzbefeuerten Anlagen beschäftigt, klingt vielversprechend: Holzbefeuerte Stirlingkraftwerke könnten unter der Voraussetzung, dass die notwendigen Entwicklungsarbeiten erfolgreich sind, im Leistungsbereich von 3 bis 200 kW_{el} wirtschaftlich eingesetzt werden. Die Stromerzeugungskosten liegen dabei unter denen eines Holzgas- oder Dampfkraftwerkes. Ein wichtiger Faktor ist auch, dass Holz ein nachwachsender Rohstoff ist (Stichwort: CO_2-neutrale Nutzung).

Kohle

Je nach Verfügbarkeit können alle Kohlesorten von der Weichbraunkohle bis zum Anthrazit (bis 95% reiner Kohlenstoff) verwendet werden. Der höchste Wirkungsgrad eines Stirling-Erhitzersystems auf der Basis von festen Brennstoffen ist mit einer Kohle-Wirbelschichtverbrennung erreichbar. Der Schwefel im Abgas muss allerdings als Nachteil gewertet werden.

Biomasse
Unter Biomasse versteht man die gesamte durch Lebewesen aufgebaute Substanz. Dieser Sammelbegriff schließt also Holz und Kohle mit ein. Doch meist sind damit landwirtschaftliche Abfallprodukte oder speziell für die Verbrennung gezogene Gräser und Sträucher gemeint. Versuche ergaben, dass z.B. von Elefantengras ca. 20 - 25 Tonnen pro Hektar und Jahr geerntet werden können, was vom Energieinhalt ungefähr 8.000 l Heizöl entspricht. Ebenso könnte auch in der hiesigen Landwirtschaft anfallendes Brennmaterial wie Getreidehalme, Maisgräser oder Reisstroh, das normalerweise nutzlos verbrannt wird, sinnvoll genutzt werden.
Als Brennstoff interessant erscheint auch eine normalerweise in Asien beheimatete, bis zu 7 Meter hohe Schilfpflanze, die bereits bei München zu Versuchszwecken von Prof. Ständer angepflanzt wurde. Mit diesen Gräsern könnte grundsätzlich der gesamte Energiebedarf in Deutschland aus eigenen Ressourcen wirtschaftlich gedeckt werden. Der Heizwert ist dem von Holz vergleichbar. Bei einer Verbrennungstemperatur von 800°C setzt eine Schlackenbildung in der Asche ein, die aber durch eine geschickte Brennstoffführung verhindert werden kann.

Torf
Torf hat einen unteren Heizwert von H_u = 0,9 - 1,2 MJ/kg (abbaufeucht) bzw. H_u = 13,2 - 16,2 MJ/kg (lufttrocken). Auch bei diesem Brennstoff ließe sich durch Einsatz der Stirlingmaschine in Wärme-Kraft-Kopplung die Energieausbeute gegenüber einer einfachen Verbrennung deutlich erhöhen. Aus ökologischen Gründen ist der Abbau der Torfmoore jedoch generell - also nicht nur zur Brennstoffgewinnung - abzulehnen.

4.2 Flüssige Brennstoffe

Flüssige Brennstoffe können vollständiger verbrannt werden als feste, weil die chemische Umsetzung exakter gesteuert und die Verbrennungsreaktion bei höheren Temperaturen ablaufen kann. Somit sind hier auch höhere Wirkungsgrade erreichbar. Die flüssigen Brennstoffe sind zwar etwas gefährlicher im Umgang, lassen sich dafür aber sehr volumensparend und bequem speichern und mit geringem Aufwand sehr genau dosiert dem Brennraum zuführen. Verunreinigungen in der Flüssigkeit können meist recht einfach ausgefiltert werden.

Flüssige fossile Brennstoffe
Es können alle fossilen Brennstoffe eingesetzt werden, wobei die Wahl in erster Linie von den jeweiligen Einsatzbedingungen bestimmt wird. Der Umgang mit dem Brennstoff und der Stand der Verbrennungstechnik sind allgemein bekannt. Durch Fortschritte bei der Brennertechnik können allerdings immer noch Wirkungsgradverbesserungen erzielt werden. Generell lassen sich bei der kontinuierlichen Verbrennung (Stirling-

motoren) wesentlich bessere Abgaswerte erreichen als bei Motoren mit innerer Verbrennung (Otto-, Dieselmotoren). Zur Zeit werden die zur Neige gehenden flüssigen fossilen Brennstoffe allgemein bevorzugt, was global ökologisch bedenkliche Folgen zeigt.

Pflanzenöle
Der Verwendung von Pflanzenölen als Energieträger wird zunehmend Beachtung geschenkt. Es gibt zahlreiche Ölsaaten, deren Öl sich durch Pressen und Extrahieren (chemisch lösen) gewinnen lässt, um Verbrennungsmotoren und Heizanlagen zu betreiben. Hier kann der Einsatz von Stirlingmotoren durchaus sinnvoll sein.

Alkohole
Alkohole werden als Treibstoff oft vorgeschlagen. Sie haben den Vorteil, dass man sie aus nachwachsenden Rohstoffen gewinnen, sauber verbrennen und sehr gut speichern kann.

Sonstige Flüssigbrennstoffe
Die Firma United Stirling Schweden erprobte den außenluftunabhängigen Betrieb eines U-Bootes mit Wasserstoffperoxid als Oxidat und Dieselkraftstoff mit dem Stirlingmotor Typ 4-615.
Bei der Stirlingmaschine ist es auch kein Problem, pflanzliche Öle und Fette als Treibstoff zu verwenden. So wurde bereits mehrmals zu Demonstrationszwecken bei Philips ein Stirlingmotor abwechselnd mit Benzin, Alkohol, Diesel-, Schmier-, Salat- und rohem Erdöl ohne sichtbare Wirkungsgradschwankungen betrieben.
Ebenso denkbar sind sämtliche Arten von Flüssiggas.

4.3 Gasförmige Brennstoffe

Die Verbrennung erfolgt schneller als bei festen und flüssigen Brennstoffen, da die Vergasung entfällt. Entscheidend für die Güte der Verbrennung ist die Gas-Luft-Mischung, wobei nur ein geringer Luftüberschuss erforderlich ist (dafür jedoch anfällig für NO_x - Bildung). Allerdings kann man eine Gasverbrennung so exakt steuern, dass keine Schadstoffe anfallen. Mit der Regelungstechnik nach dem SCOT-Verfahren können sogar Gasgemische emissionsarm verbrannt werden. Die Strahlungszahlen der Gasflamme liegen in der Regel niedriger als bei festen und flüssigen Brennstoffen ($C \approx 2{,}3 \cdot 10^{-8}\ W/m^2 K^4$ für gasförmige Brennstoffe). Das bedeutet, dass die Verbrennungsgase im allgemeinen langsamer abkühlen als bei anderen Brennstoffen.

Bio-, Klär- und Deponiegas
Biogas besteht zu 50 - 70% aus Methan und der durchschnittliche Heizwert beträgt 25 MJ/m^3. Weiterhin enthält es H_2S (aggressiv, korrosiv, stinkt).

Deponiegase weisen oft schwer definierbare und giftige Bestandteile auf und sollten daher bei niedrigen Temperaturen verbrannt werden. Hier würde sich die Kraft- Wärme-Kopplung (KWK) mittels einer Stirlinganlage anbieten.

Sonstige Brenngase
Stirlingmotoren wurden bereits mit allen in Tabelle 4 aufgeführten Brenngasen betrieben. Für die Auswahl des Brennstoffes sind auch hier wieder Einsatzgebiet, Abgaszusammensetzung, Verfügbarkeit, Heizwert und Speichergelegenheit mitentscheidend.

Brennstoff fest	Heizwert H in MJ/kg	Brennstoff flüssig	Heizwert H in MJ/kg	Brennstoff gasförmig	Heizwert H in MJ/kg
Braunkohle	2,8 - 24,3	Benzin	42	Butan	124
Steinkohle	26,0 - 32,3	Diesel	38-43	Gichtgas	4,0
Anthrazit	30,0 - 31,4	Erdöl	41	Kohlenmonoxid	12,6
Holz:		Heizöl	41	Propan	93,4
Hackschnitzel	15,5	Petroleum	40,8	Stadtgas	15,9 - 20,5
Holzpellets	16,3	Pflanzenöle	35 - 37	Wasserstoff	10,8
		Teer	34	Erdgas	29-42
		Äthylalkohol	27		
		Methylalkohol	19,5		

Tabelle 4: Brennstoffe für Stirlingmotoren

4.4 Sonnenenergie

Die Idee, thermische Sonnenenergie durch Stirlingmotoren zu „veredeln", hat der Entwicklung von Stirlingmaschinen in den letzten Jahren wichtige Impulse gegeben. Die Wärmeübertragung an den Prozessraum kann dabei mit Spiegeln, Linsen oder mit einem Wärmerohr realisiert werden.

Solare Energieversorgungssysteme für Raumflugkörper
Trotz ihrer höheren Komplexität wäre eine solardynamische Anlage für Weltraumanwendungen denkbar, weil sie bei gleicher Masse durch ihren höheren Systemwirkungsgrad deutlich kleinere Kollektorflächen als eine photovoltaische Anlage benötigt. Dadurch wird der Treibstoffbedarf für den Aufbau der Station erheblich reduziert.

Terrestrische solardynamische Systeme
Die für kleine Solar-Stirling-Systeme im Leistungsbereich von 5 - 200 kW angegebenen Wirkungsgrade werden von anderen Anlagenkonzepten erst bei Leistungen von mehr als 10 MW erreicht. Es wurden bereits um 1992 Dish-Stirling Anlagen (z.B. Parabolspiegel) mit einem Jahresenergiewirkungsgrad von bis zu 27% als Prototypen gebaut.

Ein Beispiel der Leistungsfähigkeit solardynamischer Systeme ist der Prototyp von Schlaich & Partner. Bei dieser Anlage wurde ein Stirlingmotor vom Typ 4-275 von USAB eingebaut.

Abb. 65: Schema eines solardynamischen Systems.

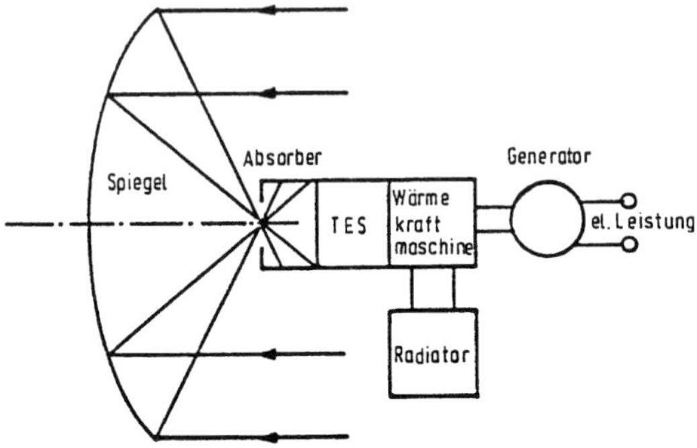

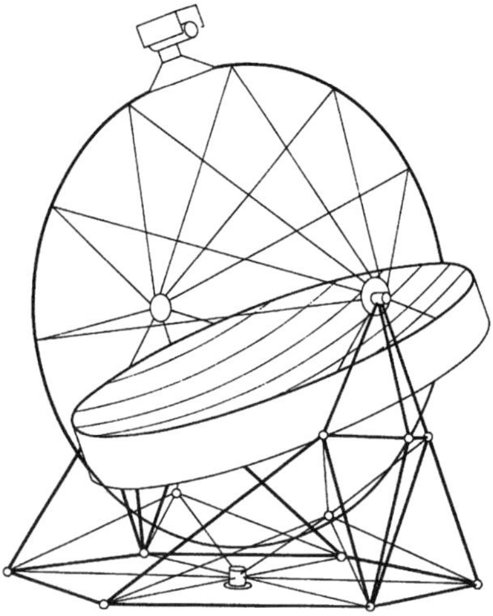

Abb. 66:
Dish-Stirling System von Schlaich & Partner

Technische Daten (Einstrahlung 1000 W/m²):

Konzentratordurchmesser	17 m
verfügbare therm. Leistung	142,6 kW
elektrische Leistung	54,5 kW
Netto-Netzeinspeisung	52,5 kW
Konzentratorwirkungsgrad	78,7 %
Receiververlust	36 kW
Stirling-Wirkungsgrad	42%
Generator-Wirkungsgrad	91%
Gesamtwirkungsgrad	15 - 18%

Abb. 67:
Dish Stirling System von Sunmachine.
Photo: Sunmachine

Ein neuartiges, hybrides Solar-Dish System, mit einem 4 m-Spiegel aus freitragenden, dreidimensional gebogenen Glasspiegelsegmenten und einer Leistung von 2,5 kW_{el} ist seit 1997 von Sunmachine entwickelt worden. Es ist möglich, dieses System rein solar zu betreiben, oder je nach Einstrahlung im Bereich von 0 - 100% mit einem Gasbrenner zuzuheizen. Dadurch ist das System rund um die Uhr und unabhängig von der Witterung zur Stromerzeugung einsatzbereit (Abb. 67).

Die BSR Solar Technologies entwickelte ein Solarkraftwerk das 24 Stunden am Tag elektrischen Strom aus Solarenergie erzeugen kann. Möglich ist dies mit der Mitteltemperatur-Stirlingmaschine Sunpulse (vgl. Seite 80, Kap 4.6 und Seite 166, Kap. 9.4), und einem thermochemischen Speicher. Der Erhitzer des Stirlingmotors wird bei Bedarf mit der Absorbtionswärme des MgH_2 Speichers auf ca. 400°C erwärmt.

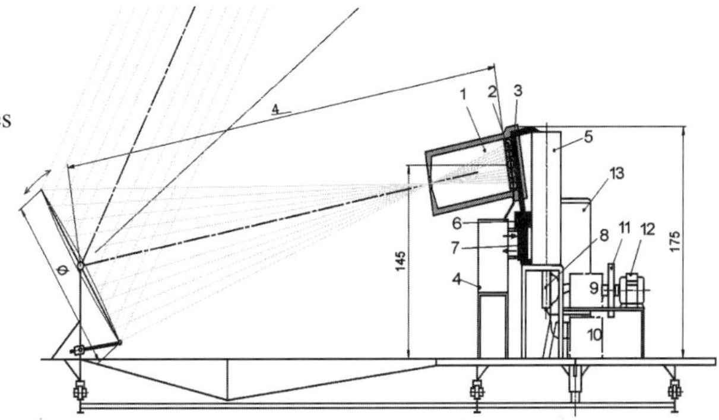

Abb. 68
Schematische Darstellung des 24-Stunden-Solarkraftwerkes.
Grafik: BSR Solar Technologies
1) Wärme-Falle
2) Hochtemperatur-Wärmespeicher
3) Wärmetauscher
4) Niedertemperatur-Wasserstoffspeicher
5) Stirlingmotor
6) Regenerator
7) Kühlsystem
8) Kompressor
9) Hydraulik-Block
10) Verdrängerantrieb
11) Schwungrad
12) Druckbehälter

Abb. 69
Prototyp eines solaren Stirlingmotors mit thermochemischem Speicher
Photo: BSR Solar Technologies

4.5 Abwärmenutzung

Abwärme

Oft bleibt Abwärme ungenutzt. Zu beachten ist allerdings: Je geringer der Temperaturunterschied zwischen Wärmequelle und Umgebung ist, desto geringer ist der erzielbare Wirkungsgrad (siehe Carnot-Prozess, Seite 22 und Kap 9.5). Um hier eine sinnvolle Nutzung zu erreichen, muss die Energiebilanz genau betrachtet werden.

Beispiel: Hochofenabwärme

STM Power hat eine Anlage realisiert, bei der die industrielle Abwärme eines Hochofens zum Betrieb des STM 4-120 genutzt wird. Generell sind Energienutzungskaskaden vorstellbar, da Stirlingmotoren über einen breiten Temperaturbereich einsetzbar sind (Hoch-, Mittel-, Niedertemperatur-Stirlingmotoren).

4.6 Energie aus Niedertemperaturwärme

Die Stirlingmaschine ist in der Lage, aus Niedertemperaturwärme noch Nutzenergie zu erzeugen, in einem Maße wie keine andere Maschine dazu fähig ist. Die Weltrekordmaschine hat Prof. J. Senft (USA) gebaut: Sie läuft mit einem Temperaturunterschied von 0,7 Kelvin (s. Abb. 70). Der Niedertemperatur-Solar-Stirlingmotor von Herrn Weber aus Nürnberg (siehe Abb. 71) läuft bereits bei Temperaturdifferenzen von 7 K an. Der thermische Wirkungsgrad wird allerdings mit abnehmender Temperaturdifferenz immer kleiner. Vielfach ist jedoch die Verfügbarkeit, besonders in Entwicklungsländern, gegenüber dem Wirkungsgrad das wichtigere Kriterium.

Abb. 70:
Der Niedrigsttemperatur-Stirling N-92
von J. Senft. Photo: J. Senft

Damit sind viele Anwendungen denkbar, wie zum Beispiel die Energierückgewinnung aus Abwärme. Auch könnte Erdwärme dort, wo sich eine Großanlage nicht rentiert, noch sinnvoll genutzt werden. Ebenso sind Solaranlagen zur Stromerzeugung mit Wasser als Wärmeträger denkbar.

In der Firma BSR Solar Technologies in Lörrach betreibt Bernd Johannhörster intensive Entwicklungsarbeiten an Niedertemperaturmaschinen. Ein weiterer Schritt sind Mitteltemperatur-Stirlingmaschinen (> 120°C bis ca. 300°C), deren Entwicklungsgeschichte gerade beginnt.

Abb. 71:
Einer der ersten Solar-Stirlingmotoren von E. Weber für geringe Temperaturdifferenzen (z.B. Sunwell 100). Zu sehen ist der große mechanische Aufwand.
Photo: E. Weber

Abb. 72:
Prototyp eines Solar-Stirlingmotors von E. Weber auf der Basis von schwingenden Wassersäulen. Ein Schwungrad ist hier nicht erforderlich, um eine Wasserpumpe zu bauen. Dieser Prototyp ist fertig entwickelt und kann in Serie gebaut werden.
Photo: E. Weber

Abb. 73:
Sunpulse®, Niedertemperatur-Stirlingmaschine als Wasserpumpe.
Photo: BSR Solar Technologies

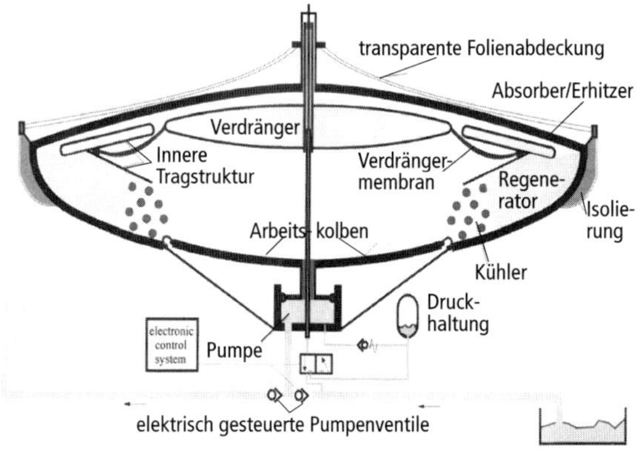

Abb. 74:
Der Sunpulse® von BSR zum Wasserpumpen (Schnittbild).
Photo: BSR Solar Technologies

4.7 Thermische Energiespeicher (TES)

Jedes Material, das Wärme für eine akzeptable Zeit speichert und auch hinreichend schnell wieder abgeben kann, ist als Medium für einen thermischen Energiespeicher geeignet. Die Speicher-Temperatur für solche Energiespeicher, die auch als Wärmeakku oder als Thermikbatterie bezeichnet werden, sollte nach Möglichkeit zwischen 600 und 1000°C liegen. Abb. 75 zeigt schematisch einige Möglichkeiten der Energieumwandlung mit Speicher und Stirlingmotor. Bei den thermischen Energiespeichern unterscheidet man Latentwärmespeicher (Aggregatzustand und Volumen ändern sich) und Wärmespeicher, bei denen sich nur die Temperatur ändert.

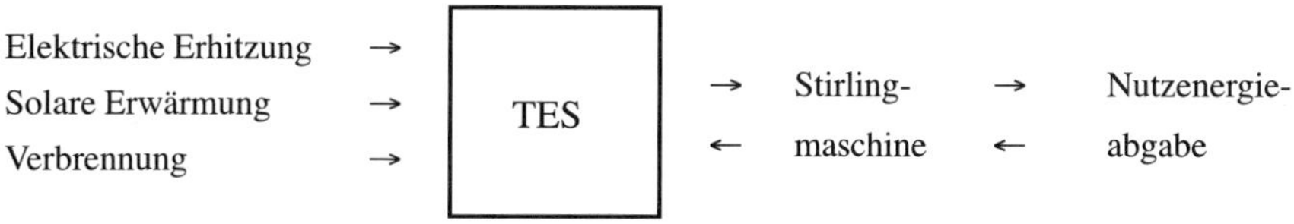

Abb. 75: Kopplung von Stirlingmotoren mit thermischen Energiespeichern und -quellen.

Wünschenswerte Eigenschaften von thermischen Energiespeichern:

- hohe spezifische Wärmekapazität und Energiedichte,
- chemische Stabilität,
- metallurgische Kompatibilität mit verfügbaren Containermaterialien,
- geringe Toxizität und Unbrennbarkeit,
- gute Verfügbarkeit und niedriger Preis.
- hoher Ladewechselwirkungsgrad (das ist das Verhältnis von nutzbarer Wärme zu zugeladener Wärme beim Ladungswechsel).

Unter diesen Gesichtspunkten wurden einige Speichermaterialien untersucht. Einen praktischen Versuch startete GM in den 60er Jahren mit einem 10-Jahres-Test einer TES-Stirling Kombination und verglich die Ergebnisse mit denen eines Batterie-elektrischen Antriebssystems in einem Stadtbus. Das Speichermaterial war Aluminiumoxyd. Tabelle 5 nennt einige Ergebnisse dieses Systemvergleichs.

	TES-Stirling System	Batterie-elektrisches System	Verhältnis TES/Batterie
Reichweite (km)	75	75	1
Antriebssystem Masse (kg)	4.301	16.430	0,26
Antriebsystem Volumen (m^3)	2,52	7,65	0,33
Gesamtgewicht (kg)	15.185	27.315	0,56

Tabelle 5: Stadtbus Charakteristik (Angabe GM)

Ferner entwickelte General Motors ein Antriebssystem für U-Boote. Als Speicher fungierte ein Behälter mit Lithium-Salz, in den die Erhitzerrohre direkt eingelassen waren.

Material	Volumen (l)	relativ zu LiF	Masse (kg)	relativ zu LiF
Lithiumfluorid	0,87	-	1,56	-
Lithiumhydrid	0,89	1,02	0,48	0,31
Lithiumhydroxid	0,76	0,87	1,11	0,71
Silber-Zink Batterie	7,62	8,76	16,0	10,26

Tabelle 6: Energiespeicherdaten nach G. T. Reader

Zusammenfassend läßt sich feststellen, daß diese Art einer Sekundärwärmequelle für einige Anwendungen hevorragend geeignet ist, aber nur wenig Vorteile gegenüber fossilen Treibstoffsystemen hat. Auch ist hier noch erhebliche Entwicklungsarbeit zu bewältigen.

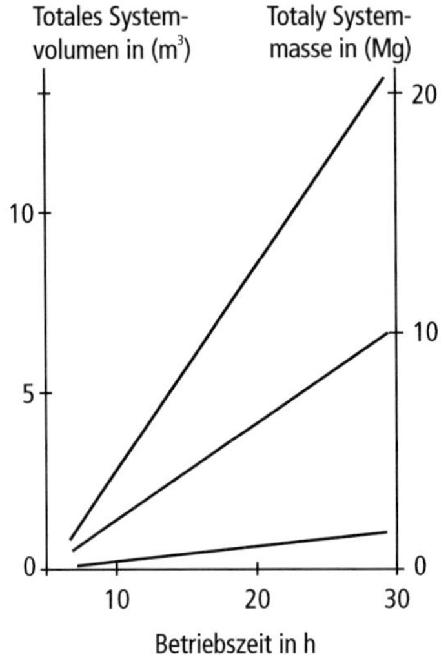

Abb. 76:
Vorausberechnungen eines TES-Stirling-Systems von General Motors
(nach G.T. Reader).

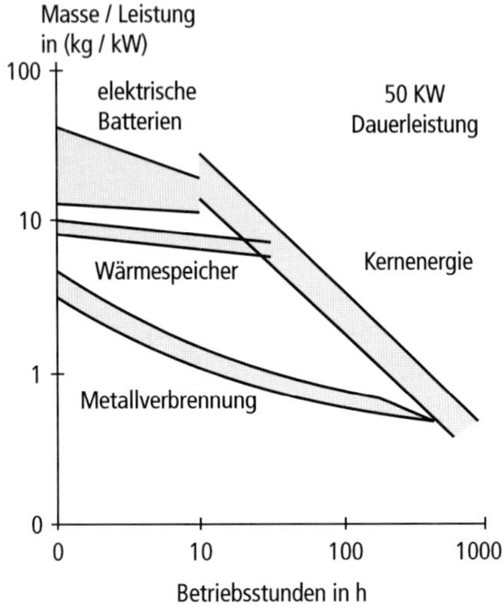

Abb. 77:
Vergleich verschiedener Speicherarten für einen 50 kW-Motor im U-Boot-Betrieb
(nach G.T. Reader).

4.8 Thermochemische Speicher

Diese Speicher lassen sich mit den thermischen Energiespeichern (TES) vergleichen. Sehr vielversprechend erscheinen die 1989 vorgestellten, von der BASF entwickelten Magnesiumhydridspeicher (MgH). Die genauen Daten dieser neuen Speicher, bei denen Wasserstoff zwischen der Nieder- und Hochtemperaturspeichereinheit je nach Ladungsniveau verschoben wird, sind derzeit noch nicht verfügbar. Es wurde aber bereits mit einem Verbund aus Stirlingmotoren und MgH-Speichern experimentiert. Die Vorteile dieser Speichermöglichkeit liegen im Gegensatz zu den TES in der fast verlustfreien Speicherung der Wärme in Form von chemischer Energie. Nachteilig sind momentan noch die Verfügbarkeit des Materials und der Preis.

4.9 Energie aus radioaktiven Isotopen

Für einige Einsatzgebiete (Hochseebojen, Unterwasseranlagen und Raumfahrt) wird auch der Einsatz von Atomenergie erwogen. Auf diesem Gebiet laufen seit vielen Jahren intensive Forschungsvorhaben.

Bei der Entwicklung eines künstlichen Herzens wurde Plutonium 238 verwendet. Für einen thermomechanischen Generator eines wartungsfreien Langzeiteinsatzes in Hochseebojen wurde das Radioisotop Strontium 90 vorgesehen. Gegenwärtig werden aus Gründen der Sicherheit und der Sozialverträglichkeit Radioisotope als Wärmequelle für Stirlingmotoren nur in den Bereichen Militär und Raumfahrt benutzt und angeboten.

4.10 Metallverbrennung

Bei der Metallverbrennung wird ein Alkalimetall (Lithium oder Natrium) als Kraftstoff eingesetzt, das mit Seewasser (auch unter Luftabschluss) als Sauerstofflieferant verbrennt. Diese Wärmequelle wird meist dann angewendet, wenn die Konstruktionsvorgaben in erster Linie geringe Emission und Verzicht auf fossile Kraftstoffe, aber auch eine längere Betriebszeit verlangen.

Falls kein Seewasser zur Verfügung steht, kann das Metall auch mit anderen Oxidantien verbrannt werden. Dafür wird meist eine Mischung von Lithium und Schwefelhexafluorid (SF_6) verwendet, die eine sehr hohe Reaktionsentalphie ohne die unerwünschten großen Abgasvolumen liefert. Allerdings gibt es, wie bei Lithiumsalz als thermischem Energiespeicher, ein Container-Materialproblem. Lithium ist in flüssiger Form bei 800°C, wie es eine Stirlingmaschine fordert, äußerst korrosiv. Dafür muss eine spezielle Stahl-Nickel-Legierung (rostfreier Stahl) benutzt werden. Erste positive Versuchsergebnisse lassen eine breite Anwendung möglich erscheinen. Allerdings ist die Metallverbrennung ökologisch sehr bedenklich (wg. Entstehung von Sondermüll).

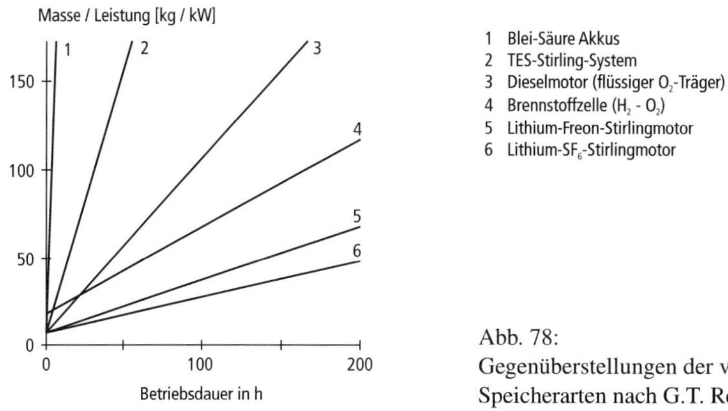

Abb. 78:
Gegenüberstellungen der verschiedenen Speicherarten nach G.T. Reader

1 SF-Speicher (SF ist flüssig)
2 Wärmetauscher
3 Natriumdampfleitung
4 U-Boot-Rumpf
5 Natrium-Kondensator
6 Stirlingmotor
7 Abtriebswelle
8 Reaktorkessel mit festem Lithium
9 Flüssigmetallpumpe
10 Erhitzerrohre des Stirlingmotors

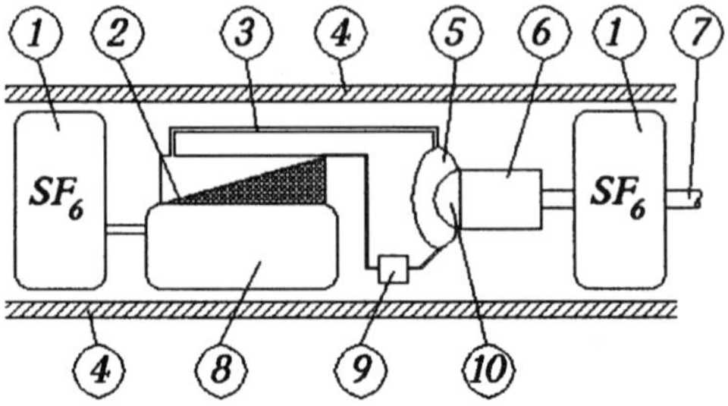

Abb. 79:
Anordnung eines Metallverbrennungssystems, entwickelt von GM für einen U-Boot-Antrieb.

Die chemische Reaktionsformel lautet:

$$8\ Li + SF_6 \rightarrow 6\ LiF + Li_2S + \text{Wärme}$$

Bei einem Schnellstart konnte mit diesem System innerhalb einer Sekunde eine Temperatur von 700°C im Reaktorkessel erreicht werden. Die Verbrennungsprodukte sind ebenfalls Schmelzflüssigkeiten, die zum Vorteil der meisten Anwendungen das gleiche Volumen wie der Brennstoff einnehmen.

5 Allgemeine Probleme der technischen Realisierung

Im 19. Jahrhundert wurde die Heißluftmaschine aufgrund damals unlösbarer Probleme bzw. mangels geeigneter Techniken und Materialien von dem Verbrennungs- und Elektromotoren immer mehr verdrängt. Die entscheidenden Probleme, über die man damals nicht hinweg kam, waren die Abdichtung von trockener heißer Luft und die Vermeidung des Durchbrennens der Feuertöpfe (Zylinder auf der heißen Seite).
Inzwischen sind neue Ideen und Werkstoffe verfügbar, mit denen es möglich ist, wirtschaftlich arbeitende Stirlingmaschinen zu bauen. Trotz allem sind die typischen Probleme, die bei der Konstruktion dieser Maschinen bzw. bei der Realisierung des Stirlingprozesses auftreten, teilweise noch immer vorhanden.

5.1 Dichtungen

Die Dichtelemente haben die Aufgabe, zu verhindern, dass einerseits das unter höherem Druck stehende Arbeitsgas entweicht und andererseits das Schmieröl in den Arbeitsraum gelangt, wo es die Wärmetauscher verschmutzen würde. Zudem müssen die Arbeitsräume getrennt und die Maschine nach außen abgedichtet werden. Für die verschiedenen Aufgaben sind entsprechend verschiedene Dichtungen zuständig.

5.1.1 Kolbenstangendichtung

Bei Motoren kleinerer Leistung entspricht im allgemeinen der Druck im Kurbelgehäuse dem minimalen Arbeitsgasdruck. Da bei niedrigen Leistungen auch die Druckdifferenzen nicht zu groß werden, ist die Abdichtung zwischen Kurbel- und Arbeitsraum nicht sehr problematisch. Bei Motoren größerer Leistung sind die Arbeitsdrücke sehr hoch (bis 200 bar); ein Kurbelgehäuse, das unter so hohem Druck steht, würde eine sehr große und schwere Bauweise notwendig machen. Deshalb wird hier der Arbeitsraum gegen Atmosphärendruck abgedichtet.
Man unterscheidet bei kinematischen Maschinen zwischen zwei Dichtungsgrundformen:

Die Rollsockendichtung
Sie besteht aus einer gummiähnlichen Membran aus Polyurethan- oder Viton-Gummi. Da diese Rollsocke selbst keine großen Druckdifferenzen aufnehmen kann, befindet sich auf der Unterseite Stützöl, das dafür sorgt, daß Druckdifferenzen von weniger als 4,5 bar auftreten. Der Druck des Stützöls wird über ein Regelventil geregelt. Ein Pumpring pumpt das Lecköl nach. Diese Lösung hat aber den Nachteil, dass die Dichtlei-

stung im Stillstand noch nicht beherscht wird. Angaben über die Lebensdauer einer Rollsockendichtung reichen von 5.849 h bei 40°C (GM) bis 25.000 h bei 25°C (Philips).
Ein Bruch der Rollsocke hätte zur Folge, dass der Arbeitsraum mit Öl verschmutzt. Alle Wärmetauscher (Erhitzer, Kühler und Regenerator) müßten danach vollständig gesäubert werden, um ihre Leistungsfähigkeit wiederherzustellen. Trotz intensiver Entwicklungsarbeit liegen noch keine befriedigenden Ergebnisse vor.

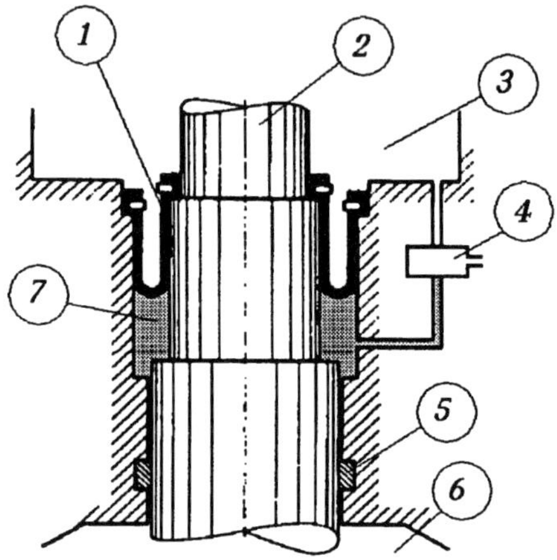

Abb. 80: Die Rollsockendichtung.

1 Rollsockendichtung
2 Kolbenstange
3 Arbeitsgas
4 Regelventil
5 Pumpring
6 Kurbelgehäuse
7 Stützöl

Gleitdichtungen
Hierbei handelt es sich um ein Dichtungssystem, das aus mehreren Einzeldichtungen aufgebaut ist. Das Problem besteht darin, einen Kompromiss zwischen guter Abdichtung einerseits und möglichst geringen Reibungverlusten andererseits zu finden.
Die Dichtungssysteme bestehen meist aus einer O-Ring-Dichtung und einem Ölabstreifring. Es sind hier sehr viele Dichtungskombinationen möglich (z.B. Gleitring mit Rollsocke). Ein weiteres Problem der Gleitdichtungen ist die Leckage von Arbeitsgas, insbesondere von Wasserstoff. Daher ist besonders bei Wasserstoff ein Arbeitsgas-Nachfüllbehälter erforderlich.
Erschwerend bei der Konzeption von Dichtungssystemen ist der Umstand, dass der genaue Mechanismus ölgeschmierter Dichtungen bis heute nicht vollständig beschrieben werden kann und dadurch praktische Versuche unumgänglich sind.

5.1.2 Kolbendichtungen

Diese müssen in erster Linie den Expansions- vom Kompressions- bzw. vom Pufferraum trennen und dürfen nur geringe Reibungsverluste erzeugen. Die Kolbendichtungen müssen trocken laufen, weil Öl in den Arbeitsräumen die Wärmetauscher ver-

schmutzen würde. Mögliche Dichtungen sind Labyrinth-, Grauguß-, Kunststoff- und Keramikringe.
Neben der Verschleißfestigkeit muss bei der Konzeption und Materialwahl der Dichtung auch der Wärmeübergang zwischen Kolben und Zylinder berücksichtigt werden, ebenso wie die Stärke der Kolbenseitenkräfte.

5.1.3 Abdichtung von Freikolbenmotoren

Diese Motoren besitzen meist keine mechanische Verbindung nach außen und können somit hermetisch abgedichtet werden. Auch sind die Seitenkräfte der Kolben in der Regel nur sehr gering. Damit bereitet die Abdichtung von Freikolbenmaschinen nach außen technisch kaum Probleme.

5.2 Arbeitsdruck

Die Leistungsabgabe ist proportional zu den Druckunterschieden beim Durchlaufen des Kreisprozesses. Außerdem ist bei höheren Drücken der Wärmeübergang Wand - Gas bzw. Gas - Wand besser.
Daher wird, um größere Leistungen zu erreichen, der Druck des Arbeitsmediums erhöht. Mit einer Druckregelung kann damit z.B. auch eine Leistungsregelung erfolgen. Der relativ zum Umgebungsdruck hohe Arbeitsdruck (bis 250 bar) erfordert besondere konstruktive Maßnahmen zur Abdichtung nach außen.

5.3 Wärmetauscher

Im Stirlingmotor kommen im allgemeinen drei Arten von Wärmetauschern zum Einsatz. Der Erhitzer, der Regenerator und der Kühler unterliegen zwar meist dem gleichen Druck, aber nicht den gleichen Temperaturbelastungen.

Der Erhitzer
Die Leistung eines Stirlingmotors ist proportional zur Stärke des zugeführten Wärmestroms:

$$Q = U \cdot \Delta T \quad \text{mit}$$

Q spezifischer Wärmestrom (Wärmestromdichte) in W/m^2
ΔT Temperaturdifferenz in K und
U Wärmedurchgangszahl in $W/(m^2 K)$,

wobei die Wärmedurchgangszahl U durch die Leitfähigkeit des Materials und die beiden Wärmeübergänge, im allgemeinen Konvektionen (Konvektion = Wärmeübertragung an strömendes Fluid) beeinflusst wird:

$U = 1/(1/\alpha_1 + d/\lambda + 1/\alpha_2)$

mit

$\alpha_{1,2}$ Wärmeübergangszahl in $W/(m^2 K)$
d Wanddicke in m und
λ Wärmeleitfähigkeit in $W/(m \cdot K)$

Beispiel: $\lambda = 40\ W/(m \cdot K)$ (Stahl legiert bei 750 °C); $d = 0{,}005\ m$;
$\alpha_1 = 60\ W/(m^2 \cdot K)$; $\alpha_2 = 90\ W/(m^2 \cdot K)$;
$T_{Flamme} = 800°C$ $T_{Expansionsraum} = 700\ °C$

$$U = 1/(1/60 + 0{,}005/40 + 1/80) = 34{,}139\ W/(m^2 \cdot K)$$

$$Q = U \cdot \Delta T = 34{,}139 \cdot (800 - 700) = 3414\ W/m^2$$

Ergebnis: Die Wärmestromdichte $Q = 3414\ W/m^2$ bedeutet, dass unter den oben genannten Voraussetzungen durch eine Fläche von 1 m^2 eine Wärmemenge von 3,4 kW übertragen werden kann bzw. dass ein Motor in der Größenordnung von 3 kW eine Erhitzeroberfläche von mindestens 1 m^2 haben muss.
Dieses Ergebnis gilt nur in der Näherung, denn die Krümmungen der Zylinderwand und der Rohre wurden hier nicht berücksichtigt (außen ist mehr Fläche als innen).

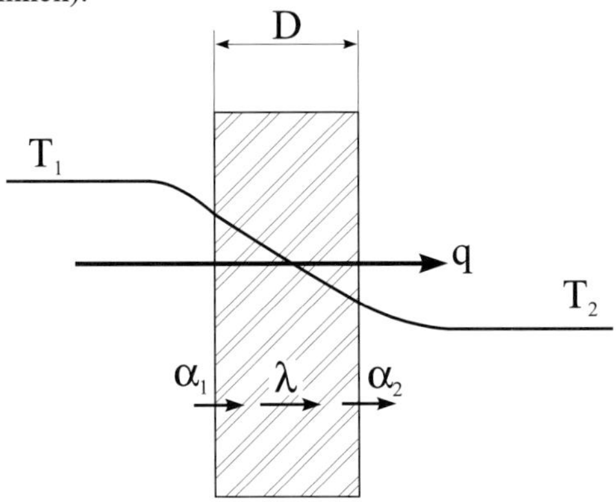

Abb. 81:
Zweifacher konvektiver Wärmeübergang Gas-Wand und Wand-Gas beim Wärmestrom durch eine Wand.

Die Grenzen der Wandtemperatur sind durch die Temperatur der Energiequelle und durch die Materialbelastbarkeit gegeben.
Die Wärmeleitfähigkeit λ nimmt mit zunehmender Materialtemperatur ab.
Zu dem konvektiv an das Arbeitsgas übertragenen Wärmestrom, wie er mit obiger Formel beschrieben wird, kommt noch ein geringer Anteil an Wärmestrahlung.

Um größere Leistungen zu übertragen, werden höchste Ansprüche an das Wärmetauschermaterial gestellt. Ein großer Wärmestrom wird häufig durch Erhitzerröhren aus legierten Stählen (z.B. X 12 55 CrCoNi 2120) realisiert, wobei darauf geachtet werden muss, die Toträume so klein wie möglich zu halten.
Die Brenner und Wärmetauscher machen derzeit ca. 50% der Gesamtkosten moderner Stirlingmotoren aus. Eine Senkung der Kosten und die Erhöhung der Arbeitsgastemperaturen wird von Keramikmaterialien erwartet.
Eine weitere Möglichkeit der Wärmeübertragung in den Expansionsraum bietet das Wärmerohr. Ein Wärmerohr nutzt im allgemeinen die Verdampfungswärme einer Flüssigkeit; dabei wird an einem Ende des Rohres (wo die Wärme zugeführt wird) ein Stoff (häufig Natrium) bei 650 - 1250°C verdampft, der am anderen Ende die Wärme durch Kondensation wieder freisetzt.

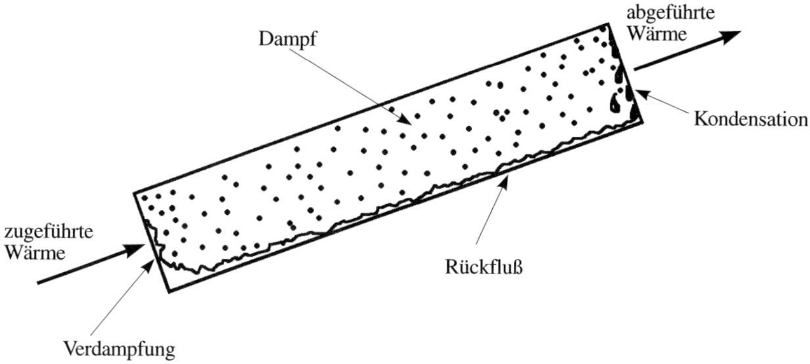

Abb. 82: Funktionsprinzip eines Wärmerohrs (Heat-Pipe).

Der Regenerator

Beim Regenerator sind die Funktionen Heizen und Kühlen zeitlich getrennt. Er besteht aus einem porösen oder faserigen Material, das in der Lage ist, ohne große Strömungsverluste schnell und viel Wärme zu speichern und genauso schnell wieder abzugeben. Ohne Regenerator müßte der Erhitzer die vier- bis fünffache Wärmelast zusätzlich zu- und der Kühler dieselbe wieder abführen (siehe auch: Kap. 7.3: Arbeiten der University of Canterbury, NZ).
Um auf das oben aufgeführte Beispiel zurückzukommen: Ohne Regenerator stünden nur 0,8 kW Leistung zur Umwandlung in mechanische Arbeit zu Verfügung, obwohl 3,4 kW zugeführt würden.
Die erreichbaren Regeneratorwirkungsgrade liegen zwischen 90 - 99%.

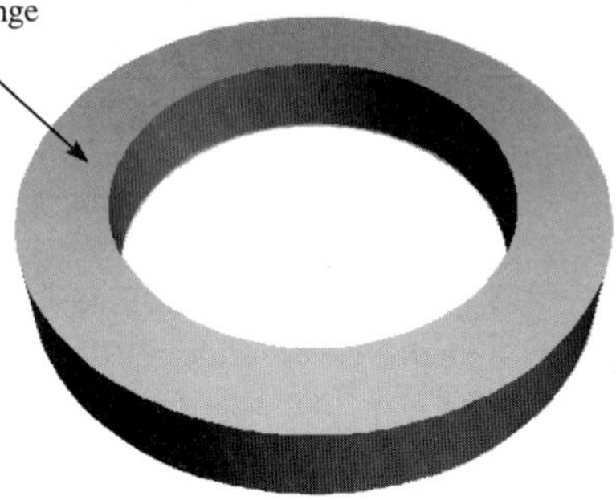

Abb. 83:
Beispiel einer
Regeneratorausführung.

Der Kühler

Für ihn gelten im Prinzip die gleichen Strömungs- und Wärmeübergangsbedingungen wie beim Erhitzer, nur bei einer bedeutend niedrigeren Temperatur. Es kann daher im Vergleich zum Erhitzer auf weniger hochwertige Materialien zurückgegriffen werden. Beim Stirlingmotor wird im Vergleich zum Dieselmotor, der viel Wärme über den Abgasstrom abgibt, etwa die doppelte Wärmemenge im Kühler abgeführt. Daher haben auch die Kühleinrichtungen relativ große Abmessungen und das Abführen der Wärme aus dem Arbeitsgas bereitet oft Probleme, vor allem weil gleichzeitig Toträume vermieden werden müssen.
Motoren niedriger Leistung besitzen meist eine Luft- oder Verdunstungskühlung. Für Leistungsmotoren über 50 W ist eine Wasserkühlung mit ausreichender Strömung (Pumpe) angebracht.

5.4 Arbeitsmedium

Im Stirlingmotor werden zumeist Luft, Helium oder Wasserstoff als gasförmige, aber fast nie Wasser oder Wassergemische als flüssige Arbeitsmedien eingesetzt.

Auswahlkriterien sind:

- Kosten, Verfügbarkeit und Wirtschaftlichkeit,
- Sicherheit während und außerhalb des Betriebes,
- Anwendungsgebiet und Leistungsdichte des Motors.

Gewünscht sind:

- eine hohe spezifische Wärmekapazität,
- niedrige Dichte und Viskosität zur Verminderung der Strömungsverluste,
- hohe Wärmeleit- und Wärmeübertragungsfähigkeit, um viel Wärme umzusetzen.

Luft

Luft (79% Stickstoff, 20% Sauerstoff) ist das billigste Gas und wird heutzutage nur noch bei Motoren mit relativ kleinen Leistungen (bis 1000 W) und Drehzahlen verwendet. Diese Motoren können sehr einfach mit geringem Kosten- und Materialaufwand gebaut und gewartet werden.

Wasserstoff

Wasserstoff ist das Gas, das die oben genannten Forderungen am besten erfüllt und wird daher hauptsächlich in Motoren hoher Leistungsdichte eingesetzt (Hochleistungsmotoren über 50 kW). Wasserstoff hat aber die Nachteile, daß er leicht entflammbar ist, zu Materialversprödung führt (besonders bei hohen Temperaturen) und außerdem durch viele Materialien diffundiert. Dadurch wird die Konstruktion dieser Motoren um ein Vielfaches aufwendiger.

Helium

Helium wird als Kompromiss zwischen den Vorzügen von Wasserstoff und der Sicherheit von Luft angewendet, ist aber relativ teuer und nicht unbegrenzt verfügbar.

Wasser

Wasser als flüssiges Arbeitsmedium zu verwenden, ist mit erheblichen Schwierigkeiten verbunden, da dabei mit großen Drücken zu rechnen ist. Malone konstruierte 1931 drei Maschinen, die mit einem Arbeitsdruck unter 700 bar betrieben wurden. 1993 wurde auf dem ISEC in Eindhoven von P. Fette ein System mit flüssigem Arbeitsmedium vorgestellt, das im Niedertemperaturbereich arbeitet.
Die Wärmeübertragung funktioniert bei Flüssigkeiten wesentlich besser als bei Gasen.

Abb. 84:
Gegenüberstellung der erreichbaren Wirkungsgrade mit verschiedenen Arbeitsmedien. Diese Versuchsergebnisse von Philips wurden an einem Motor mit Rhombengetriebe mit folgenden Daten ermittelt:

- $T_o = 700°C$
- $T_u = 25°C$ (Wassertemperat.)
- 85% Betriebswirkungsgrad
- Leistung P = 165 kW
- Ladedruck p= 110 bar.

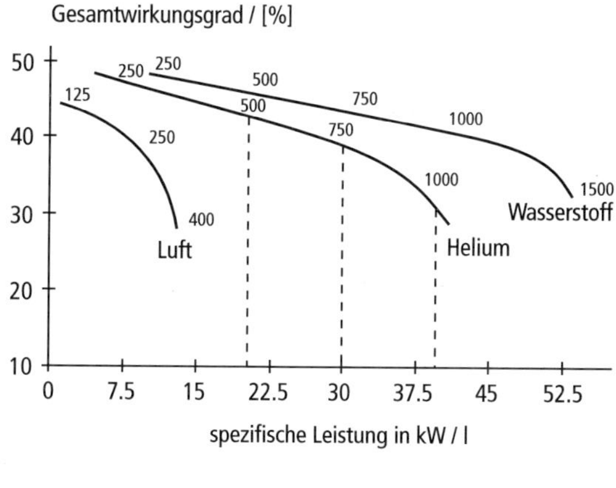

Zusammengesetzte Arbeitsmedien
Laut H. Budliger haben Gasgemische teilweise bessere Eigenschaften als die Reingase. Als Beispiel könnten Helium und Kohlendioxyd gemischt werden. Es entsteht ein Gas mit einem Molgewicht von 12, das sich sehr gut als Arbeitsmedium eignet.
Auch laufen derzeit Versuche, verschiedene Stoffe zu Arbeitsmedien zu kombinieren, die in verschiedenen Aggregatzuständen vorliegen (hierbei wird im Regenerator kondensiert bzw. verdampft).

5.5 Materialien

Ein wirtschaftlicher Erfolg ist beim Stirlingmotor nur dann zu erreichen, wenn die Material- ebenso wie die Dichtungsprobleme gelöst werden. Sehr viele Motorkonstruktionen scheiterten am verwendeten Material, vor allem im 19. Jahrhundert. Die sehr hohen Ansprüche an die Werkstoffe lassen sich erst heute durch den Einsatz von hochwertigen Legierungen und von Keramiken befriedigen. Die Verwendung dieser Materialien ist größtenteils aber noch in der Entwicklung.
Die kritischen Bauteile sind die Wärmetauscher und die Dichtungen, wobei an die Materialien für Erhitzer und Kolbendichtungen die höchsten Anforderungen gestellt werden.

Anforderungen an den Erhitzer:
- Hohe Wärmeleitfähigkeit und hoher Wärmeübergangskoeffizient, um einen kleinen Totraum zu erhalten,
- hohe Temperaturbeständigkeit, um eine höhere Temperaturdifferenz und damit einen besseren Wirkungsgrad für den Kreisprozess ebenso wie für die Verbrennung zu erreichen,
- Verträglichkeit mit dem Arbeitsmedium und den Verbrennungsgasen,
- Druckbeständigkeit.

Anforderungen an die Kolbendichtungen:
- Trockenlauf mit geringem Abrieb und niedrigen Reibungsverlusten,
- geringe axiale Wärmeleitfähigkeit, um zwischen dem heißen und kalten Raum möglichst wenig Wärme ungenutzt zu verlieren,
- große radiale Wärmeleitfähigkeit, um auf der kalten Seite mit weniger Wärmetauscherfläche (Totraum) auszukommen.

Für den Einsatz von Keramik bei Stirlingmotoren ist noch viel Entwicklungsarbeit zu leisten, andererseits sind aber auch sehr überzeugende Ergebnisse zu erwarten.

5.6 Temperatur- und Leistungsregelung

Der Wärmeübergang vom Verbrennungs- zum Arbeitsgas durch den Erhitzerkopf ist ein relativ träger Vorgang, der für schnelle Leistungsänderung ungeeignet ist. Zudem wird eine konstante Erhitzertemperatur angestrebt, um auch bei Teillasten einen hohen Motorwirkungsgrad zu erreichen. Die Leistung wird am häufigsten mit Hilfe der Mitteldruck- oder der Totraumänderung gesteuert.

Temperaturregelung
Die Temperaturkontrollsysteme der regelbaren Stirlingmaschinen sind grundsätzlich ähnlich und fast bei allen Bauformen vorhanden, um trotz des unterschiedlichen Wärmestromes die Temperatur im Erhitzer auf dem gleichen Niveau zu halten. Hierzu wird der Luft- und Brennstoffstrom reguliert. Dabei befindet sich ein Temperaturfühler im Erhitzer, in dessen Abhängigkeit ein Kontroll- und Regelsystem die zugeführte Brenngemischmenge bestimmt.

Leistungsregelung durch Mitteldruckänderung
Die Leistungsabgabe ist direkt proportional zum mittleren Druck des Arbeitsgases. Für die Leistungsregelung sind eine pneumatische Regeleinrichtung, Ventile, ein Vorratsbehälter bzw. Speicher und meistens auch ein Kompressor notwendig. Damit kann vom Leerlauf innerhalb ca. 20 - 30 Sekunden auf Vollast gefahren werden (Bei einer Kurzschlussschaltung, die meist eingebaut ist, wurden sogar bis zu 0,3 s erreicht.) Der Nachteil dieser Regelung ist der relativ zu anderen Einrichtungen große Aufwand.

Leistungsregelung durch Totraumänderung
Durch Variation der Totraumgröße kann die Druckamplitude verändert werden (bei gleichem Mitteldruck). Ausgeführt wurden bisher nur stufenweise Leistungsänderungen durch Zuschalten von weiteren Räumen. Es wäre aber auch eine stufenlose Totraumveränderung denkbar. Die Nachteile dieser Regelung sind die schweren Motorausführungen.

Leistungsregelung durch Änderung des Phasenwinkels
Durch spezielle Getriebe kann der Phasenwinkel zwischen dem Verdränger- und dem Arbeitskolben stufenlos und schnell von 0 bis 360° verschoben werden. Wird der Winkel größer als 180°, so ändert der Kreisprozess seine Drehrichtung und der Motor wird zur Wärmepumpe, wobei der Wärmefluss vom Kühlwasser in Richtung des Erhitzers fließt. Leider sind relativ komplizierte und somit teure Getriebe die Voraussetzung für eine solche Regelung. Diese Art der Leistungsregelung kann nicht für doppeltwirkende Motoren verwendet werden.

Leistungsregelung durch Änderung des Kolbenhubs
Durch das Verkleinern des Kolbenhubes wird auch das Hubvolumen verkleinert, der relative Totraum vergrößert und damit die Amplitudenhöhe des Druckes (d.h. die Leistung) verringert. Diese Regelart wird von Freikolbenmotoren und Motoren mit regelbarer Schiefscheibe erfolgreich verwendet.

6 Einsatz der Stirlingmaschine

(Stand von 2003)

Die Stirlingmotoren finden aufgrund ihrer Vorzüge bereits heute in vielen Bereichen beispielhafte Anwendung. Im Prinzip könnten die meisten Verbrennungsmotoren unter 300 kW pro Zylinder durch Stirlingmaschinen ersetzt werden. Doch hier spielen wirtschaftliche, anwendungsspezifische und emotionale Überlegungen eine große Rolle. Die Schwerpunkte der Entwicklungsarbeiten liegen derzeit in den USA, Japan und Deutschland. Die Arbeiten werden von zahlreichen kleinen privaten Firmen, öffentlichen Forschungseinrichtungen, dem Militär und Großkonzernen getragen. Tabelle 7 gibt einen Überblick über den derzeitigen Entwicklungsstand und die Anwendungsbereiche.

Anwendungsbereiche		Entwicklungsstand: Serienmodelle	Vorserienmodelle	Prototypen, Pilotprojekte	praktische Forschung	theoretische Forschung	Studien
Pkw-,Lkw-Antrieb				X			
Schiffsantriebe, Unterseefahrzeuge	bis 250 kW	X					
	Über 250 kW			X			
Lokomotiven							X
Raumfahrt	bis 5 kW	X					
	über 5 kW					X	
Bergbau				X			
Generatorantrieb	bis 15 kW	X	X				
	über 15 kW	(X)	X				
Vuilleumiermaschinen			X				
Einfachmotoren für Entwicklungsländer			X				
künstliches Herz				X			
Kältemaschinen		X					
Modell- und Lehrmotoren	bis 200 W	X					

Tabelle 7: Anwendungsbereiche und Entwicklungsstand der Stirlingmotoren.

6.1 Wärmepumpen und Kaltwassersätze

Legt man den einfachen Stirlingprozess zugrunde, so dient dieser im Rechtslauf als Heißgasmotor und im Linkslauf - von außen angetrieben - als „Wärmemengentransportmaschine“. Abb. 85 zeigt vier Betriebsweisen und die zugehörigen p-V-Diagramme der Kreisprozesse.

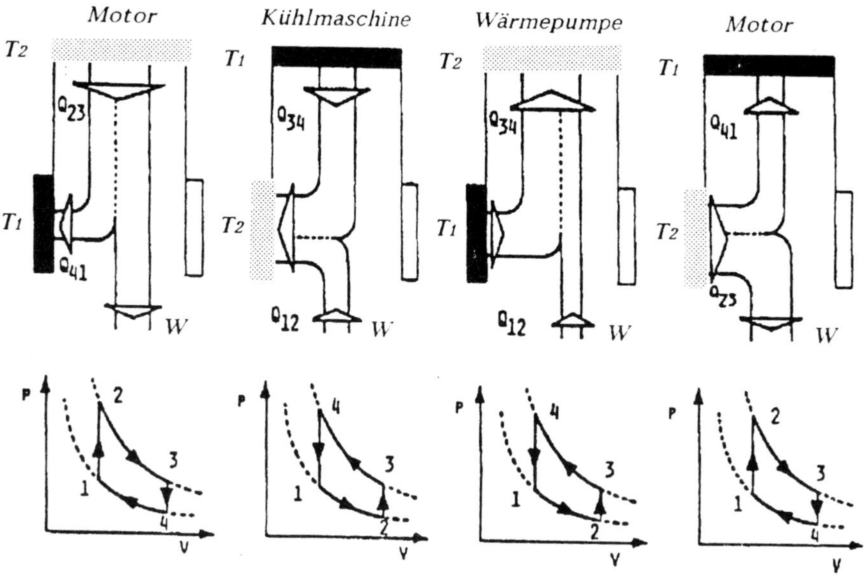

Abb. 85: Zusammenstellung der Einsatzmöglichkeiten der Stirlingmaschine.

6.1.1 Kältemaschinen nach dem Stirlingprozess

Werden die verschiedenen Kälteerzeugungssysteme miteinander verglichen, so erkennt man, dass die Stirling-Kälteerzeuger bisher erst bei Temperaturen unter ca. 170 K (ca. -100°C) sinnvoll eingesetzt werden. Oberhalb dieser Temperatur weisen die Verdampfungskälteanlagen noch die besseren relativen Wirkungsgrade auf.
Die Giffard-Kaltluftmaschine und Maschinen gleich Typs nutzen einen einfachen physikalischen Grundsatz: Kompression erzeugt Wärme, Expansion erzeugt Kälte. Die erste Kaltluftmaschine wurde 1849 von Gorrie gebaut. Die richtige Entwicklung begann jedoch erst nach 1870 mit dem französischen Ingenieur Giffard.
Diese Maschinen wurden zuerst auf Fischkuttern eingesetzt. 1881 wurden die Schiffe mit Bell-Coleman-Kaltluftmaschinen (4°C) ausgerüstet.

Neuere Untersuchungen zeigen allerdings, dass auch mit Stirlingmaschinen bei Temperaturen von knapp unter 0°C sehr gute Wirkungsgrade erzielbar sind. Angesichts der Umweltschäden durch die FCKW's in herkömmlichen Kältemaschinen könnte sich der Stirlingmaschine dadurch ein neues großes Anwendungsgebiet eröffnen (vgl. Kap. 8.3: Erwartungen)
Die Kälteerzeuger, die bei sehr tiefen Temperaturen ($T < 100$ K) arbeiten, werden oft auch als Cryogenerator oder Cryocooler bezeichnet. Bereits um 1874 wurde eine derartige Maschine beschrieben, die zehn Jahre arbeitete. Doch zur Bedeutung gelangte diese Art der Kälteerzeugung erst, als Philips das Stirlingkonzept im 20. Jahrhundert wieder aufgriff. 1953 wurde die erste Philips-Stirlingkältemaschine zur Luftverflüssigung vorgestellt.
Inzwischen hat Philips über 3.000 Kälteerzeuger nach dem Stirling-Prinzip in unterschiedlichen Baugrößen verkauft. Diese Anlagen werden in der Industrie, Forschung und Medizin eingesetzt, um Gase zu verflüssigen oder um supraleitende Magneten zu kühlen. Kleinere Anlagen mit einer Kälteleistung von 60 W erreichen Temperaturen bis zu 15 K. Bei einer Verwendung von Erdgas oder Wasserstoff als Automobiltreibstoff werden kleinere und größere Anlagen zur Gasverflüssigung und Kühlung benötigt.
In den USA werden von Firmen wie Texas Instruments (TI), Sunpower oder CTI-Cryogenics kleinere Kälteerzeuger nach dem Stirlingprinzip hergestellt, die z.B. in Nachrichtensatelliten zur Kühlung von Verstärkern oder von Infrarotstrahlungsempfängern eingesetzt werden.

Im folgenden sollen einige Modelle genannt werden:

- Die CM-2 von CTI ist eine γ-Bauart und hat eine Leistung von 1 W bei 80 K und erreicht Temperaturen von 20 K. Dieses Modell wird im System XM-1 für die Erzeugung von Infrarotbildern im Panzer M-60 benutzt. CTI schätzt, dass für die US-Army mehr als 20.000 Maschinen dieser Art hergestellt werden.
- Die CM-4 und CM-5 von CTI sind Hybridmaschinen mit 60 und 30 W Eingangsleistung; sie wiegen 2 bzw. 1,1 kg, benötigen weniger als 10 min. zur Erreichung von 80 K und müssen lediglich alle 500 h überholt werden. Die Kälteleistungen bei 80 K und 25°C Umgebungstemperatur betragen 1 bzw. 0,25 W.
- In Israel arbeiten das Weizmann Institute of Science, die Bar-Ilan Uni und die Ricor Ltd. ebenfalls an kleinen Stirling-Kälteerzeugern. Bei Ricor sind seit 1982 einige hundert Kälteerzeuger als Hybridmaschinen mit einer Kälteleistung von 0,25 W gebaut worden.
- Die Sunpower Inc. hat Duplex-Freikolbenmaschinen, die als Kälteerzeuger arbeiten, im Programm. 1989 entwickelte Sunpower einen Hochleistungs-Cryocooler, der bei einer maximalen Eingangsleistung von 20 kW eine Kälteleistung von 1,5 kW bei 77 K erreicht. Die Lebensdauer liegt bei 100.000 h. Das Gewicht beträgt 350 kg, die Höhe 868 mm und der Durchmesser 660 mm.

Abb. 86
Der Solo 161 im Einsatz
als Kältemaschine
Photo: Solo

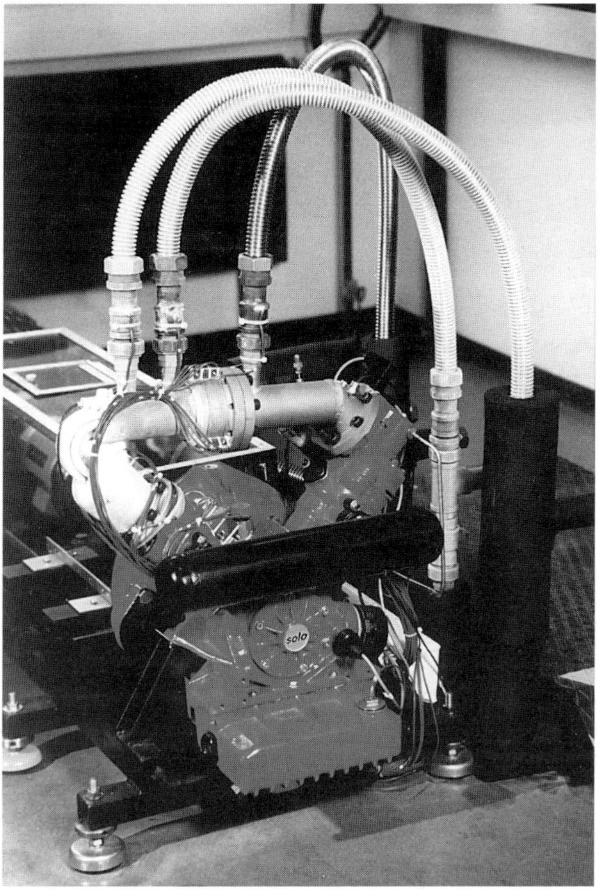

An der Universität Essen wurde der Solo 161 als Pilotanlage aufgebaut, um damit Kälte bis –200°C zu erzeugen. Mögliche Anwendungen werden in der Lösemittel-Rekondensation, der Methanverflüssigung und anderen industriellen Nutzungen gesehen.

6.1.2 Stirlingmotor treibt Wärmepumpe an

Die Wärmepumpen werden dabei gewöhnlich mit dem Rankineprozess verwirklicht, wobei diese aus einem Verdichter, einem Kondensator, einer Drossel und einem Verdampfer bestehen, in dessen Kreislauf sich als Kältemittel noch meist eines der umstrittenen FCKW's befindet.

Firma	Leistung in kW	Merkmale
General Electric Co.	$3_{\text{Verdichter}}$ bei 60 bar	Freikolbenmotor
MTI	10_{Heiz}	Freikolbenmotor, Amortisationszeit 3 Jahre
Philips	3_{mech}	γ-Bauart, Heizzahl = 1,5
Philips	$5{,}25_{\text{mech}}$	β-Bauart
Mitsubishi, Toshiba	3_{mech}	
Asin Seiki, Sanyo	30_{mech}	NS 30 A, Taumelscheibentriebwerk, Heizzahl = 1,63
SPS	15_{mech}	V160, α-Bauart

Tabelle 8: Stirlingmotoren, die für den Antrieb von Wärmepumpen konzipiert wurden.

6.1.3 Fremdmotor treibt Stirlingwärmepumpe an

Viele Stirlingkältemaschinen werden von Fremdmotoren angetrieben. Auf diesem Gebiet wird in letzter Zeit wieder verstärkt geforscht und gebaut.
Für den praktischen Einsatz als *Wärmepumpe* ist mir - von Studien abgesehen - keine vergleichbare Ausführung bekannt. Der Grund dafür ist, dass der Rankine-Verdampfungsprozess im Temperaturbereich der Wärmepumpe die höheren Leistungsdichten erreicht.
Der Vorteil einer Stirlingmaschine liegt darin, dass auf chemische Kältemittel völlig verzichtet werden kann.

6.1.4 Stirlingmotor treibt Stirlingwärmepumpe an

Hier könnten auch die im nächsten Kapitel beschriebenen Vuilleumiermaschinen stehen, doch diese Aggregate verdienen einen Sonderstatus.
Ansonsten sind mir lediglich Studien bekannt, die diese Konfiguration mit den Daten einer durch Gas- bzw. Elektromotoren angetriebenen Rankine-Wärmepumpe vergleichen. Tabelle 9 zeigt einige Aspekte aus einem MAN-Forschungsbericht.
Die Aussagen der Tabelle 9 können etwa folgendermaßen zusammengefasst werden: Der Bauaufwand ist beim Gasmotor mit Rankine-Wärmepumpe in etwa der gleiche wie beim Elektromotor mit Rankine-Wärmepumpe. Beim Stirlingmotor mit Stirling-Wärmepumpe aber größer und beim Freikolben-Stirlingmotor mit Stirling-Wärmepumpe geringer.

Typ	Gasmotor mit Rankine-Wärmepumpe	Stirlingmotor mit Stirling-Wärmepumpe	Elektromotor mit Rankine-Wärmepumpe	Stirlingmotor mit Stirling-Wärmepumpe
Leistungsbereich	100 - 1000 kW		10 - 40 kW	
Bauweise	Verbindung mit der Welle			Freikolben
Bauaufwand	Bezug	größer	Bezug	kleiner
Wartung	Bezug	kleiner	Bezug	kleiner
Umweltbelastung	Bezug	kleiner	Bezug	kleiner
Heizzahl	1,83	1,53	0,98	1,52

Tabelle 9: Systemvergleich von Stirling-Wärmepumpe und Rankine-Wärmepumpe

6.1.5 Wärmemaschine nach dem Vuilleumier-Prinzip

Das Prinzip wurde bereits in Kapitel 2.8 beschrieben. Im folgenden werden die technischen Daten einiger Vuilleumier-Maschinen angegeben.

• BSR Solar Technologies in Lörrach entwickelte zusammen mit Sunpower eine 10 kW Duplexmaschine mit einer Heizzahl von 1,5 bei 0°C Außentemperatur und 50°C Heiztemperatur, wobei der Wartungszyklus ca. 10.000 h betragen soll.

• In seiner Promotionsarbeit konzipierte N. Richter am Lehrstuhl von Prof. S. Schulz in Dortmund eine 90°-V-Zylinder-Vuilleumiermaschine, die mit 100 bar Systemdruck und einer Heizleistung von 4,5 kW die gepumpte Wärme von 0°C auf 50°C anheben soll. Er kommt bei seinen Berechnungen auf ein Wärmeverhältnis von 1,87 und ein sehr günstiges Teillastverhalten.

• In seiner Diplomarbeit beschreibt A. Müller die experimentelle und theoretische Untersuchung der Vuilleumier-Wärmepumpe/Kältemaschine von F.X. Eder (München). Es handelt sich hierbei um eine 90°-V-Bauanordnung mit einer Heliumaufladung von 40 bar. Bei der ausgeführten Maschine wurde ein Wärmeverhältnis von ca. 1,5 gemessen. Für die optimierte Maschine wurde bei einer Drehzahl von 192 U/min ein Wärmeverhältnis von 1,92 errechnet. Zur Klimatisierung lässt sich diese Maschine unverändert mit einer Kühlleistungsziffer von 1,25 bei einem Temperaturhub von 30 K einsetzen.

• Parallele Entwicklungen laufen an der TU of Denmark unter H. Carlsen, der mit seinem Team eine ähnliche Maschine auslegte und baute.

• Eine kleine 90°-V-Zylinder-Vuilleumier-Kältemaschine für die Anwendung in Satelliten und Raumschiffen wurde in Japan bis 1988 von Electrotechnical Lab. und Mitsubishi Electric Co. konstruiert, gebaut und erfolgreich getestet. Die Kälteleistung beträgt 1,8 W und die Erhitzerleistung 130 W bei 80 K. Die heliumaufgeladene Maschine hat einen Mitteldruck von ca. 30 bar, eine Drehzahl von 540 U/min, einen Schalldruckpegel (in 1 m Entfernung) von 55 dB(A) und wiegt 6 kg.

• Von Ivo Kolin wurde 1991 ein Vuilleumier-Flachplattenmotor vorgestellt. Bei verschiedenen Institutionen wurden Tests absolviert. Diese Maschine arbeitet mit Luftdruck und hebt bei einer Heiztemperatur von 95°C die Kühlung von 15°C auf 30°C an.

In Japan sind die Entwicklungsarbeiten für Vuilleumier-Wärmepumpen sehr weit fortgeschritten. Das Aggregat von Sanyo hat 4 kW Kälteleistung und 6 kW Heizleistung.

6.2 Der Stirlingmotor (Heißgasmotor)

6.2.1 Stirlingmotor als Fahrzeugantrieb

Um einen Überblick über die Erfolge auf diesem Gebiet geben zu können, ist es notwendig, die wichtigsten Bemühungen aufzulisten.

Zeit	Hersteller	Leistung kW	Fahrzeug	Sonstiges
1964	GM	22	Corvair-Pkw	Wärmeenergie aus TES (Aluoxyd)
1968	GM	10	Opel Kadett	Hybridantrieb mit E-Motor
1971	GM+Philips	200	DAF-Bus	Stm.Bez.:4-235
1972	Ford	62-126	Ford Torino	bis 1978 wurden mehrere getestet
1972	Ford+USAB	30-40	Ford Pinto	bis 1974 getestet
1972	Ford+USAB	30-40	Ford Taunus	bis 1974 getestet
1977	MTI Ltd.	34	Opel Rekord 21	
1982	MTI+AMG	40	AMG-Spirit	bis 1985 getestet
1982	MTI+AMG	40	AMG-Concorde	bis 1985 getestet
1985	MTI	62,3	ChevroletCelebrity	siehe unten
?	USAB	70	LKW	Schallemission=76 dB(A)
?	Aisin Seiki	50	Corolla-Pkw	bereits einige ausgerüstet
1988	Toyota	45		Testfahrzeug in Tokyo

Tabelle 10: Versuche mit Stirlingmotoren in Autos

1982 untersuchte eine Studie der NASA den Benzinverbrauch und die Spriteinsparung, die mit einem 39 kW Freikolben-Stirlingmotor (Wirkungsgrad = 43%) mit hydraulischem Abtrieb und einem pneumatischen Akku möglich sind. Das 1.633 kg schwere Auto beschleunigte von 0 auf 100 km/h in 16 s und verbrauchte im Schnitt 4,6 l Benzin auf 100 km (Autobahn 4,1 l; Stadt 5,0 l).

Im folgenden sind die Testergebnisse des MOD II-Motors aufgeführt, die stellvertretend für den Stand der Technik der Stirlingmotoren im Pkw-Antrieb gesehen werden können.

Testfahrzeug 1985:	4-türiger Chevrolet Celebrity mit Stufenheck
Antrieb:	Mod II-Stirlingmotor, 62,3 kW Leistung bei 4.000 U/min; 212,2 Nm Drehmoment bei 1.000 U/min
Gesamtgewicht:	1.740 kg; Testgewicht: 1433 kg
Verbrauch (in l/100 km):	7,1 (Stadt); 4,05 (bei 90 km/h); 5,7 (kombiniert)
Beschleunigung:	12,5 s von 0 auf 100 km/h
Wirkungsgrad:	38,5% bei 1.200 U/min (26,7 kW) im optimalen Bereich
Wirkungsgrad bei Vollast:	28,2% bei 4.000 U/min (62,3 kW)

Im allgemeinen kann gesagt werden, dass ein Stirlingmotor im momentanen Entwicklungsstadium als Kfz-Antrieb keine Kraftstoffersparnis gegenüber vergleichbaren Dieselmotoren bringt, wobei sich die Anschaffungskosten eines Pkw's um rund 10 - 20% erhöhen würden. Die Vielstoffähigkeit ist bei Stirlingmotoren einer der größten Vorteile, und die Lärm- und Schadstoffemissionen sind so gering, dass keine zusätzlichen emissionsreduzierenden Maßnahmen erforderlich werden.
In Amerika gelten wesentlich schärfere Abgaswerte als in Europa. Daher werden die Forschungsarbeiten fortgesetzt, jedoch mit Schwerpunkt auf Hybridfahrzeuge.

6.2.2 Schiffe

Obwohl über Tests von Stirlingantrieben in Schiffen nicht sehr viel bekannt wurde, wird dieser Einsatzbereich günstiger zu erschließen sein als der Automobilbereich. Zum einen sind hier nicht so hohe Drehzahlen erforderlich und daher hohe Wirkungsgrade verbunden mit einer höheren Lebensdauer erreichbar. Zum anderen kann das Seewasser als konstante Kühlquelle mit niedriger Temperatur benutzt werden, was zu einer weiteren wesentlichen Wirkungsgraderhöhung führt.

Überseeboote
Die Ericsson-Maschine wurde bereits 1853 während einer 73 Stunden dauernden Fahrt getestet. Dabei diente die 220 kW-Maschine, die ursprünglich auf 440 kW ausgelegt war, als Antrieb für ein 2000 Tonnen-Schiff. Das Schiff sank während eines Sturms in der Hafeneinfahrt von New York.
Ericsson selbst beschäftigte sich bald darauf mit neuen Konstruktionen.

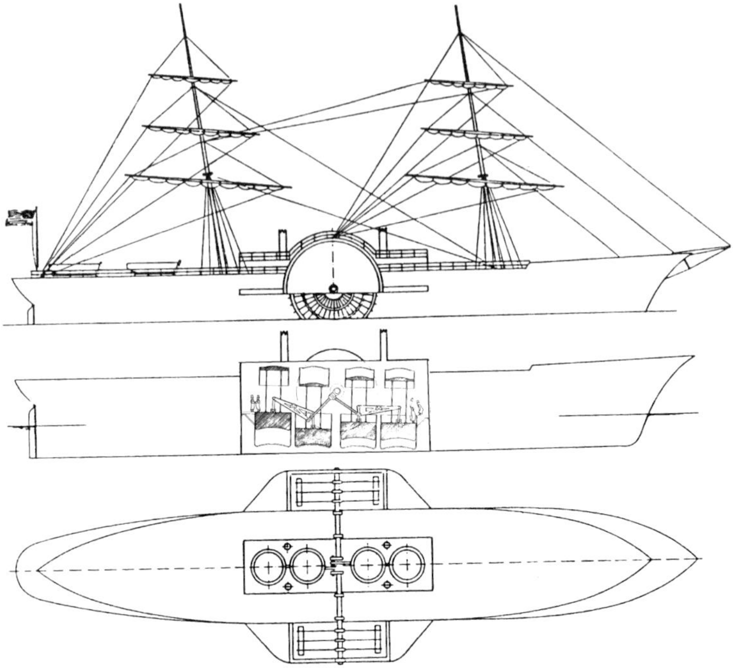

Abb. 87: Das Schiff „Ericsson“.

Das Schiff „Ericsson“ in Betrieb
Im Jahre 1853 beauftragte der Marineminister Hochwohlgeboren John P. Kennedy den US Flottenkommandanten Joshua Sands, an der Probefahrt des Wärmeschiffes „Ericsson“ teilzunehmen und das Schiff im praktischen Einsatz zu begutachten.

Nachfolgend Ausschnitte des übersetzten Originalberichts:

Washington, Mittwoch, 23. Februar 1853
...Zu meinem Erstaunen stellte ich jedoch fest, dass während der gesamten, ununterbrochenen Probefahrt von 70 Stunden die Maschine nicht ein einziges Mal aussetzte, dass es bei der gleichmäßigen Bewegung der Schaufelräder keine einzige Unterbrechung gab.
...Alles war so sicher verankert, als ob das Schiff noch im Dock lag. Der Kolben bewegte sich vollkommen gleichmäßig und ruhig, während das Schiff rollte und schlingerte. Ich hatte viel über die große Hitze gehört, die auf die Maschine einwirkt, und ich ging deshalb häufig in die Kohlenbunker. Zu meiner Überraschung stellte ich fest, dass die Bunkerräume so kühl waren wie ein Keller. Auch versetzte es mich in Erstaunen, dass nur ein einziger Heizer jeweils im Einsatz war, und dass dieser von Zeit zu Zeit eine geringe Menge Kohle einschippen musste. Ich erfuhr, dass es Vorschrift war, jede der acht Feuerstellen alle 80 Minuten mit jeweils 65 (englische) Pfund Kohle zu versorgen.

...Das Wetter war während der ganzen Fahrt so schlecht, dass man zu keiner Zeit viel Nutzen von den Segeln gehabt hätte.
...und der Druck von Kapitän Ericsson strikt auf acht Pfund festgelegt worden war. Die Geschwindigkeit während des Sturmes betrug im Durchschnitt sechs und eine halbe Umdrehung des Rades pro Minute. Wenn der Wind abnahm, zeigte das Log sechs bis sieben Knoten an.
...möchte ich betonen, dass das Ergebnis insgesamt zufriedenstellend war.
...finde ich, dass die Probefahrt der „Ericsson“ den Erfolg des neuen Arbeitsprinzips endgültig bestätigte; ich hoffe, der Tag wird nicht mehr fern sein, dass die Einführung dieser Maschine als Antriebskraft für unsere Kriegsflotte die Schiffe von der drohenden Gefahr befreit, durch einen Zufallstreffer in den Dampfkessel in die Luft gesprengt zu werden, vielleicht gerade in einem Augenblick, wo der Sieg bereits unser ist.
Ich verbleibe, Sir, mit dem Zeichen vorzüglicher Hochachtung Ihr ergebener Diener
Joshua Sands, US Flottenkommandant

An den hochwohlgeborenen Herrn Marineminister John P. Kennedy
New York Daily Times (jetzt New York Times) - 1. März 1853 S.6

Auch Philips hatte einige Motorboote mit Stirlingantrieben ausgerüstet. Die zu Vorführzwecken umgebaute 10 m-Yacht wurde 1959 von einem 30 kW Einzylinder-Beta-Motor mit Rhombengetriebe angetrieben.
United Stirling baute 1971 einen 75 kW Stirlingmotor mit 3000 U/min in eine 10 m-Yacht ein, der deutlich leiser war als die Nebengeräusche wie Propeller, Kühlwasserpumpe und Getriebe.
GM sah während der Lizenznahme von Philips einige Motoren für diesen Bereich vor. Es handelte sich dabei sowohl um Außenbordmotoren mit geringer Leistung, als auch um Motoren mit TES-Systemen und Metallverbrennung mit bis zu 110 kW Leistung.

Stromversorgung auf Yachten
Neben dem direkten Schiffsantrieb kann ein Stirlingaggregat an Bord nützliche Dienste verrichten. Don Clucas aus Neuseeland entwickelte den „WhisperGen” als Batterieladegerät und Heizung für Yachten und kleinere Schiffe. Dieses Gerät wird seit dem Jahr 2000 in Europa vertrieben; in den ersten drei Jahren konnten 150 Stück verkauft werden. Das Aggregat wird mit Diesel betrieben und liefert 12 V oder 24 V Gleichspannung. (s.a. Kap. 6.2.4 und 7.2)

Unterseeboote
Bei U-Booten kommen verstärkt die Vorteile des leisen, vibrationsarmen Laufes und der Kompatibilität mit den bestehenden Systemen zum Tragen. Im nichtnuklearen Antriebssystem hat der Stirlingmotor einen Vorsprung vor seinem Hauptkonkurrenten, dem Elektroantrieb (Gewicht, oberflächenunabhängige Betriebsdauer). Die Kosten für einen Stirlingmotor betragen, relativ zu den Gesamtkosten des Bootes, lediglich 1%. GM machte Studien über einen 375 kW leistenden Motor für Torpedos.

Seit 1970 arbeitet USAB an U-Boot-Antrieben mit Stirlingmotoren. USAB entwickelte gemeinsam mit Sub Power AB für die Royal Swedish Navy und für die französische Firma Comex aus Marseilles ein Antriebssystem für ein 500 Mg Boot (SAGA I), das eine Einsatzzeit von 2 Wochen in 300 m Tiefe erlaubt. Das Hybridsystem besteht aus zwei V4-275R-Stirlingmotoren, zwei Generatorsets mit je 100 kW_{el} und einem Batteriesystem.
Neben diesen größeren Projekten wurden auch zwei kleinere Motoren von USAB, der V160 mit 4 - 7 kW_{el} und der 4-95 mit 35 kW_{el}, für Unterwasseranwendungen angepasst.

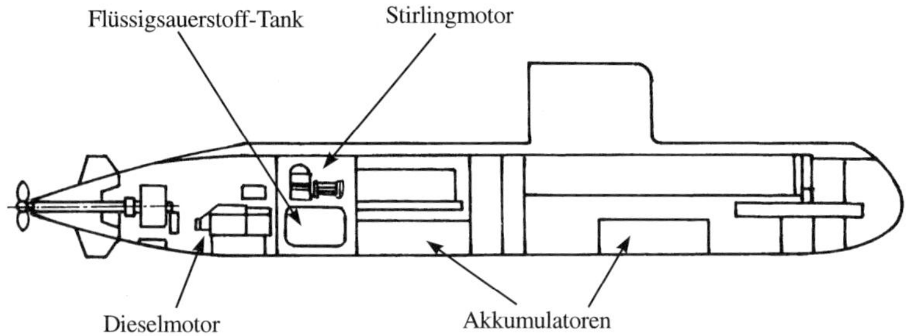

Technische Daten:

28 m lang; 7,4 m breit; 545 Mg Wasserverdrängung;
600 m Arbeitstiefe; 7 Leute Besatzung
2 Stirlingmotoren V 4-275 R mit je 75 kW (Arbeitsgas Helium)
bzw. 100 kW (Arbeitsgas H_2) Leistung bei 2.200 U/min
2 Generatorsets mit jeweils maximal 100 kW_{el} und 200 kW_{therm};
600 kg Gewicht; Zeit von Standgas auf volle Leistung: 10 s.
Dieses System wurde ab Juni 1985 erfolgreich getestet.

Abb. 88: Das U-Boot „SAGA 1“.

Kockums

In Schweden rüstet Kockums U-Boote mit Stirlingmotoren in Leistungsklassen von 30 bis 70 kW aus. Die Lebensdauer ist mit 30 Jahren angegeben. Im militärischen Alltag können somit Erfahrungen gesammelt werden. An der Herstellung der Motoren ist die Fa. Volvo beteiligt.
In den U-Booten der Baureihen HMS Näcken, Gotland und Södermanland (Abb. 89) sind Module mit Stirlingmotoren einsetzbar. Abb. 90 zeigt das AIP-System (Air Independent Propulsion: Luftunabhängiger Antrieb). Das Modul ist 1,8m lang, 1,4m breit und 1,6m hoch. Es hat ein Gewicht von 2800 kg. Der Stirlingmotor Mk III, wie ihn

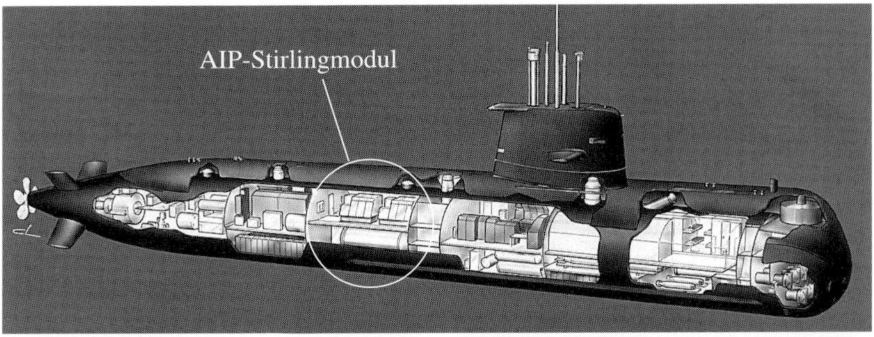

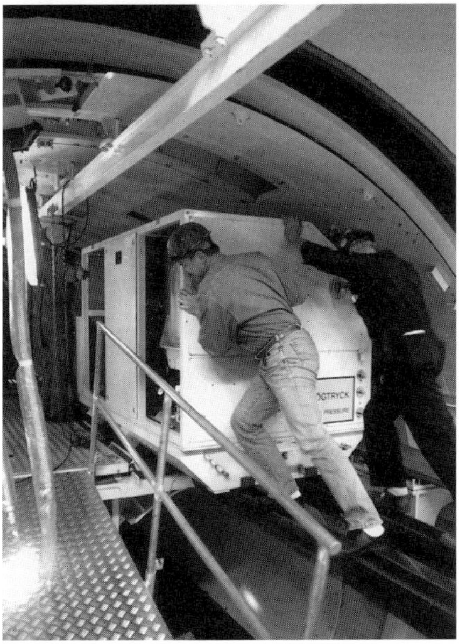

Abb. 89 *(oben)*: U-Boot der Baureihe Gotland mit Kennzeichnung des AIP-Systems.
Abb. 90 *(unten links)*: Das AIP-Stirling-Modul beim Einbringen in das U-Boot
Abb. 91 *(rechts)*: Der Motor "V4-275R Mk III" von Kockums. *Alle 3 Photos: Fa. Kockums*

Abb. 91 zeigt, läuft mit 2000 U/min, leistet 70 kW_{el} und ist mit Helium als Arbeitsgas gefüllt. Der Dieselbrenner wird unter Druck mit reinem Sauerstoff betrieben. Der Druck entspricht stets dem jeweiligen Umgebungsdruck unter Wasser. Die Abgase können so in großen Tauchtiefen ohne den Einsatz eines Kompressors ins Meereswasser geleitet werden. Das Modul übernimmt die Energieversorgung in den Zeiten, in denen der Hauptantrieb abgeschaltet ist.
Darüber hinaus werden U-Boote für nichtmilitärische Zwecke wie beispielsweise zur Inspektion und Reparatur von Unterseepipelines entwickelt und erprobt.

6.2.3 Pumpen und Verdichter

Prinzipiell können natürlich alle Stirlingmotoren mit mechanischem Abtrieb zum Antrieb von Pumpen und Verdichtern verwendet werden. In diesem Kapitel soll es jedoch nur um solche Stirlingmotoren gehen, die speziell für den Antrieb von Pumpen entwickelt wurden.

Die bereits erwähnte Freizylinder-Stirling-Wasserpumpe wird von Sunpower angeboten. Sie ist wartungsfrei und kann mit allen Brennstoffen wie auch mit Solarenergie betrieben werden. Die 7,74 kg schwere Stirling-Pumpe liefert 200 W Leistung, das heißt, sie pumpt 20 l Wasser in einer Sekunde einen Meter hoch. Die maximale Förderhöhe beträgt 5 m.

Seit 1964 sind in den USA Forschungsarbeiten zur Entwicklung von künstlichen Herzen im Gange, wovon sich zwei Projekte mit den von Stirlingmotoren angetriebenen Blutpumpen befassen. Das Herzunterstützungssystem von Nimbus (früher Aerojet Liquid Rocket Comp.) wurde bereits in Tiere implantiert und getestet. Hierbei wirkt der Arbeitskolben eines kleinen Freikolbenmotors als Pumpe für eine Hydraulikflüssigkeit, die von 1 bar auf ca. 14 bar verdichtet wird. Diese Flüssigkeit treibt wiederum die Blutpumpe an.

Zum Antrieb des Stirlingmotors von JCGS (Joint Center of Graduate Study der Uni of Washington) wird ein thermischer Energiespeicher aus LiF/NaF/MgF_2-Salz benutzt, der elektrisch erhitzt wird. Die Speicherkapazität reicht für acht Stunden aus. Die Aufladezeit dauert eine Stunde. Das System erreicht bei einer thermischen Leistung von 21 W einem Wirkungsgrad von 16% und gibt dann 3,3 W Leistung an die Pumpe ab. Gekühlt wird dieses 1,2 kg schwere System durch das Blut.

In jüngster Zeit wurde von Dr. Martini und seiner Forschungsgruppe in den W. Douglas Laboratorien in den USA ein mit nuklearer Kraft angetriebenes Kunstherz entwickelt. Die Douglas-Version arbeitet mit Xenon oder Argon als Arbeitsgas. Als Wärmequellen kommen die Radioisotope Plutonium-238 (Pu), Promethium-147 (Pm) oder Thulium-171 (Tm) zum Einsatz. Gekühlt wird auch diese Pumpe durch das Blut. Wäh-

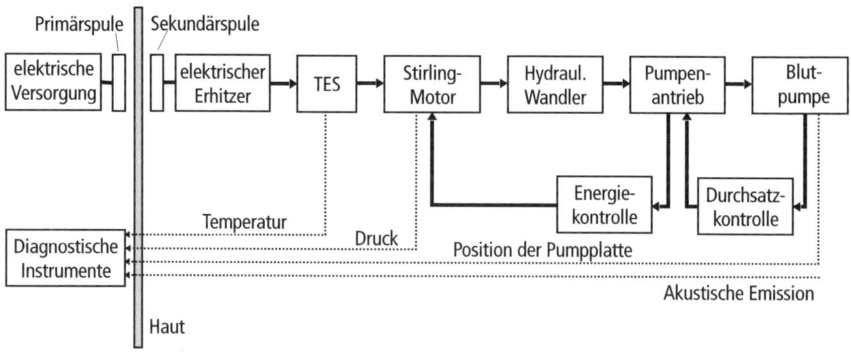

Abb. 92: Blockdiagramm des Herzunterstützungssystems von JCGS.

rend des Zyklus wird dem Blut insgesamt Wärme in Höhe von 40 - 80 kJ/h zugeführt. An der Weiterentwicklung eines Kunstherzens mit einer Wartungsfreiheit von 10 Jahren arbeitet momentan auch die Stirling Technology Company (STC) in den USA. Prototypen sind bereits in Versuchstieren erfolgreich im Einsatz.

6.2.4 Stromerzeugung

Transportable Anlagen

Auf Grund der Zuverlässigkeit, der Eignung für viele Brennstoffe, der geringen Lärm- und Schadstoffemission sowie der niedrigen Infrarotemission ist vor allem das Militär an diesen Anlagen interessiert.

Das Stromaggregat mit dem V 160 von SPS wird von der US-Army und verschiedenen Forschungseinrichtungen getestet. Dieses System wiegt 550 kg, leistet 5 kW_{el} bei 50 Hz und 6 kW_{el} bei 60 Hz. Der maximale Schalldruckpegel (in 1 m Entfernung) beträgt 65 dB(A).

Speziell für die schwedische Fernmeldeverwaltung wurde der V 160-Mehrzweck-Versorgungsanhänger gebaut. Dieses Gerät erzeugt neben 5 kW_{el} auch Warmluft mit einer Leistung von ca. 12 kW bei einer maximalen Lufttemperatur von 75°C und treibt obendrein noch eine Tauchpumpe an. Einschließlich des Zubehörs (Warmluftaggregat, Anhänger, Tauchpumpe, Beleuchtung, Fernbedienung und Sicherheitsausrüstung) wiegt das auf einem Anhänger installierte Gesamtsystem 700 kg.

Für die US-Army entwickelte MTI Freikolben-Stirlingmotoren mit Permanentmagneten als Generatorsets in den Leistungsklassen 1,5; 3; 5 und 10 kW_{el}. Die Firma Sunpower entwickelte einen 3 kW_{el}-Freikolben-Stirlingmotor mit Lineargenerator für die US-Army, der mit 30 bar Luftaufladung einen Systemwirkungsgrad von 17% aufweist. Das gesamte System wiegt 170 kg und nimmt ein Volumen von 0,37 m^3 ein.

Auch STM ist an der Entwicklung transportabler Stirlingmotor-Generatorsets beteiligt. Als Motor wird der STM 4-120 mit 40 kW Leistung und 85 kg Gewicht benutzt.

Stationäre Anlagen

Alle oben genannten transportablen Anlagen lassen sich auch stationär verwenden. Dabei können konstruktive und fertigungstechnische Vereinfachungen zum Tragen kommen, die zu einfacheren und schwereren, aber billigeren Stirlingmotoren führen.

Verschiedene Studien belegen, dass sich in einem Leistungsbereich unter 400 kW ein Stirlingmotor wirtschaftlicher betreiben lässt als eine Dampfturbinenanlage. In einer vom BMFT geförderten Studie von MAN wurde für ein 20 kW-Freikolbenstirling-BHKW (Blockheizkraftwerk) ein Gesamtwirkungsgrad von 81% ermittelt. Dabei fielen 75% in Form von thermischer (Heizwasser bei 90°C) und 25% in Form von elektrischer Energie an. USAB baute ab 1981 ein Generatorset mit ihrem P 40-Stirlingmotor für Test- und Demonstrationszwecke. Die Anlage leistet 28 kWel, wiegt 1.000 kg, hat einen Gesamtwirkungsgrad von 28% und nimmt ein Volumen von 1,5 m^3 ein.

Am weitesten fortgeschritten sind die Arbeiten bei Solo in Sindelfingen. Das Stirling-Modul 161 ist zur Serienreife entwickelt. Im Jahr 2002 wurden 20 Stück verkauft. Für 2003 ist allein in der Gas-BHKW-Variante eine Produktion von 50 Stück vorgesehen (näher beschrieben in Kap. 7.2).
Eine ausführliche Beschreibung der Nutzmotoren, hauptsächlich aus dem europäischen Raum, befindet sich in Kap. 7.1

Solar-Dish-System
Wie in Kap. 4.4. erwähnt, gibt es bereits mehrere Anbieter dieser Systeme. Der Gesamtwirkungsgrad (Sonneneinstrahlung zu Strom) liegt durchweg bei über 20%. Die Abwärme bleibt häufig ungenutzt und wird über Lüfter abgeführt. Abb. 93 zeigt beispielsweise den Solo 161 in dieser Ausführung.

Abb. 93
Solo 161 mit 10 kW_{el}
in der Solar-Dish-Ausführung
Photo: Solo

6.2.5 Kombination von stationärer und mobiler Verwendung

(Ein Beitrag von Ferdinand Waldkircher, München)
Mit Stirlingmaschinen, kombiniert mit anderen Aggregaten, lassen sich sehr effiziente Blockheizkraftwerke und Antriebssysteme für verschiedene Anwendungen schaffen.

Der Elektro-PKW
Der vorliegende Fall ergab sich durch die Erfahrungen im siebenjährigen Einsatz eines Elektro-PKW (1968 - 1975) im Kurzstreckenbetrieb. Bei Fahrten in den Kindergarten, zur Schule sowie zur Arbeit kann ein Elektro-PKW von Vorteil sein, wenn

Abb. 94
Der WhisperGen im Elektro-PKW zur Stromerzeugung und Heizung.
Graphik: F. Waldkircher

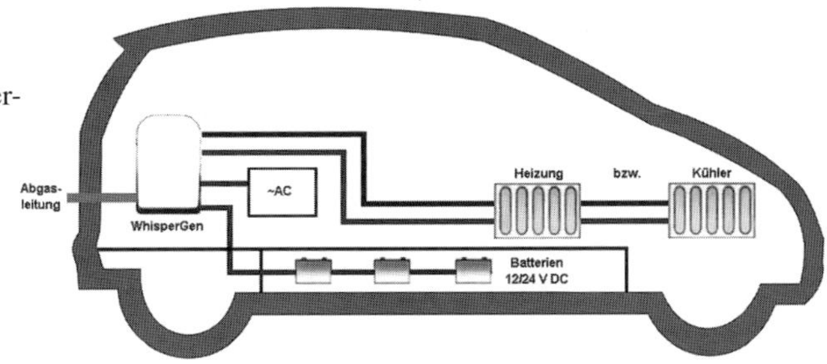

verschiedene Erfordernisse berücksichtigt werden. Nur mit Batterie betriebene Fahrzeuge scheiden wegen des zu hohen Gewichtes und fehlender Energiereserven aus. Es wird deshalb ein Hybridantrieb empfohlen, der bei Normalbetrieb den Energiebedarf deckt. Eine zusätzliche, kleine Stirlingmaschine wie der WhisperGen kann für stete Ladung und für die im Fahrzeug benötigte Wärme, auch vor Fahrtantritt sorgen. An Steigungen kann dann ein vielfaches an Energie aus der Batterie zugeführt werden, die großenteils bei der Talfahrt zurückgewonnen wird. Das zusätzliche Gewicht des WhisperGen von ca. 80 kg wird durch Einsparungen bei den Batterien wettgemacht.

Hybridantrieb für das Boot

Es entstand der Gedanke, ein 7 m langes Tourenboot (2000 kg) auf Elektroantrieb umzustellen. Durch Modifikation des Rumpfes und der Entwicklung optimal angepasster Antriebstechnik einschließlich einer neuen Antriebsschraube konnte der Leistungsbedarf auf 1 kW reduziert werden. Wie beim Elektro-PKW tauchte wieder die Frage nach der Deckung des Energiebedarfes auf. Da in diesem niedrigen Leistungsbereich damals (1994) noch keine Stirlingmaschine zur Verfügung stand, kam ein kleiner Einzylinder-Diesel (5 kW) als Generator zur Anwendung, der bei niedriger Drehzahl ca. 1,5 kW Dauerleistung abgibt. Dadurch konnte die Batteriekapazität auf 100 Ah (24 V) reduziert werden.
Durch Einbau WhisperGen als ruhig laufender Generator, wie er seit 1999 von der niederländischen Firma Victron Energy vertrieben wird, könnte dieser als Prototyp in einem Blockheizkraftwerk im Inselbetrieb erprobt werden.

Kleinst-Blockheizkraftwerk

Abb. 95
Der WhisperGen im Boot zur Stromversorgung, Warmwasserbereitung und Heizung

Vorlage:
Prospekt Whisper Tech

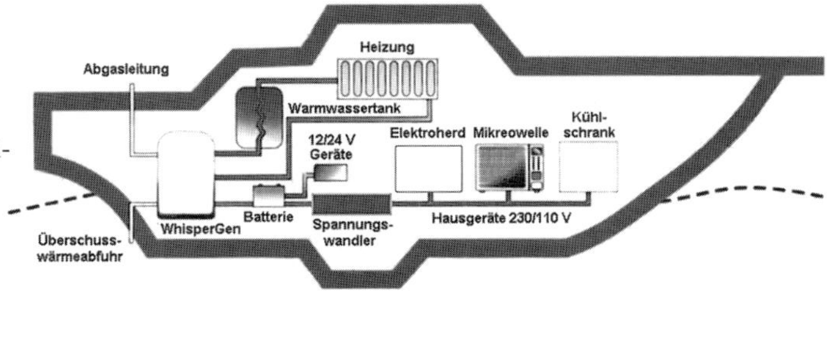

Eine weitere Anwendung des WhisperGen ergab sich einige Jahre nach der Umstellung der Heizung eines Zweifamilienhauses von Ölbetrieb (40 kW) auf Gasbrennwerttechnik (11 kW). Besonderer Wert war auf Wärmeisolation im Haus gelegt worden. Es konnte dabei der mittlere Jahresverbrauch von 4700 l Heizöl auf 1142 m^3 Gas reduziert werden. Der WhisperGen als Mikro-Kraft-Wärme-Kopplung liefert bei 750 W elektrischer Leistung ca. 5 kW Wärmeenergie, die nun im vorgenannten Haus den Energiebedarf bis zu –6°C Außentemperatur abdeckt. Ein Wärmespeicher von ca. 800 l liefert bei Bedarf weitere Wärme. Die elektrische Energie wird in einer Batteriebank mit 24 V und 500 Ah (Panzerbatterien) gespeichert, die zusätzlich über eine Photovoltaikanlage mit maximal 12 A versorgt wird. Diese Insellösung wurde aus dem Grund gewählt, weil für den späteren Einbau in ein größeres Boot Erfahrungen gesammelt werden sollen. Durch einen 6 kW-Wechselrichter kann über eigens dafür installierte Steckdosen an vielen Stellen im Haus normaler Netz-Wechselstrom (ohne Probleme mit der Einspeisevergütung) genutzt werden.

Pickup-System

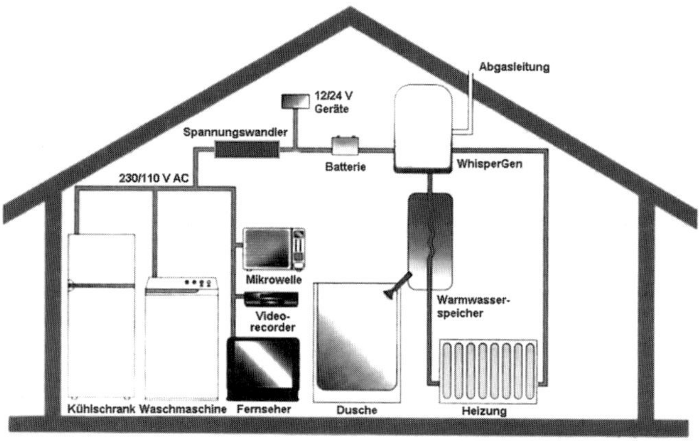

Abb: 96:
Der WhisperGen im Haus zur Stromerzeugung und Heizung (Inselbetrieb)

Vorlage:
Prospekt WhisperTech

Da sowohl Boot als auch PKW in diesen Beispielen in der Garage neben dem Haus stehen, bietet sich eine intelligente Kombination der Energieversorgung an. Wenn ähnlich wie bei S-Bahn oder LKW geeignete Steckkombinationen von Hydraulik und Strom eingesetzt werden, steht einer mobilen BHKW-Einrichtung nichts mehr im Wege. Da während des vier- bis sechswöchigen Bootsurlaubes im Haus kaum Energiebedarf besteht, geht das BHKW im Pickup-Prinzip vom PKW ins Boot über. Der gesamte Energieverbrauch während der Bootsfahrten mit einer durchschnittlichen Fahrzeit von ca. vier Stunden pro Tag ist bei einem Ölverbrauch von 0,6 l pro Stunde abgedeckt (Tankinhalt von 60 l Diesel reicht meist für den ganzen Urlaub).

7 Marktübersicht und Forschung

7.1 Nutzmotoren

Im folgenden Teil wird auf die bisher realisierten Entwicklungen und Anwendungen der Stirling-Maschinen einzelner Hersteller und Forschungsinstitute eingegangen. Häufig liegen diese im Bereich der Kraft-Wärme-Kopplung (KWK), die wie folgt definiert ist:

„Die Kraft-Wärme-Kopplung (KWK) ist durch die gleichzeitige Bereitstellung von mechanischer bzw. elektrischer Arbeit und nutzbarer Wärme eine effiziente und bewährte Energiespartechnik. Als Antrieb für die KWK geeignet sind alle Wärmekraft- und Verbrennungskraftmaschinen. Der Energiespareffekt entsteht dadurch, dass die Abwärme der Wärmekraftmaschine, die bei der Umwandlung der eingesetzten Primärenergie in mechanische bzw. elektrische Arbeit zwangsläufig entsteht, nutzbar gemacht wird. In Großkraftwerken bleibt diese Abwärme häufig ungenutzt. Nach einer Aussage des Umweltbundesamtes erfüllt eine solche zentral ausgerichtete Struktur nicht die Kriterien der Nachhaltigkeit."

Bei einer dezentralen Energieerzeugung kann die Abwärme vor Ort genutzt werden. Insofern ist die unmittelbarer Nähe der Kraft-Wärme-Kopplung zum Verbraucher sehr gut geeignet für die Nahwärme- und Stromversorgung von Krankenhäusern, Freizeitzentren, Hallenbädern, Kaufhäusern bis hin zu Einzelobjekten. Die kleinste dezentrale Kraft-Wärme-Kopplungseinheit steht als Mikro-KWK im Einfamilienhaus. Als Brennstoffe kommen hauptsächlich Heizöl und Erdgas, aber auch regenerative Energieträger wie Holzpellets, Pflanzenöle oder Biogas in Betracht. Wie in Abb. 98 dargestellt ist, sind die Energieverluste über das Abgas bei BHKWs sehr gering.

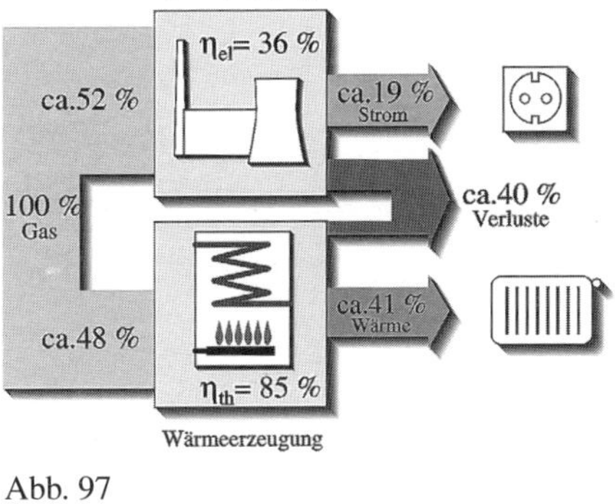

Abb. 97
Zentrale Energieerzeugung im Großkraftwerk. Graphik: ASUE

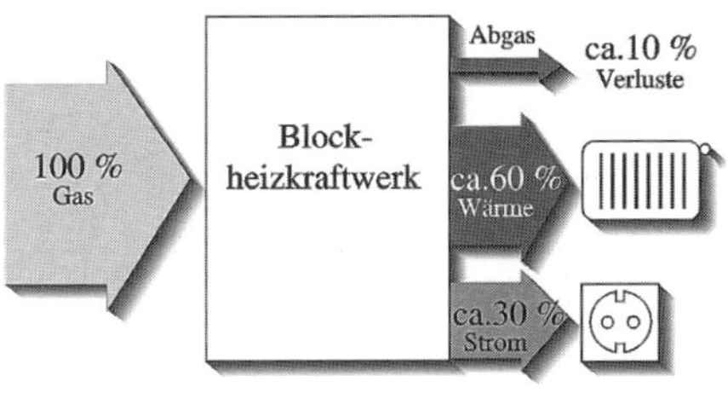

Abb. 98
Dezentrale Energieerzeugung im Blockheizkraftwerk. Graphik: ASUE

Entwickler / Hersteller	Land	Leistung (elektrisch)	Bemerkung
BSR Solar Tech.	D	5 kW	Prototyp
Carlsen	DK	9 kW, 35 kW	Laboranlage
Enatec / ATAG	NL	1 kW	Feldtest
Epas	D	0,4 kW und 1 kW	–
Joanneum Research	A	30 kW	Pilotanlage
Kockums	S	30 – 70 kW	Siehe Kap. 6.2.2
Kufner	D	< 300 W	Einzelanfertigung
Magnet Motor	D	1 kW, 10 kW, 40 kW	Prototyp / Pilotanlagen
Mayer&Cie	D	2,5 kW	Langzeittest
Microgen	UK	1,1 kW	Feldtest / Vorserie
Powerbloc	CH	1,1 kW	Langzeittest
Sigma	No	3 kW	keine Angabe
Sunmachine	D	2 kW	Feldtest
Viebach Dieter	D	0,5 kW	Rohgussteilesatz

Tabelle 11: Entwickler im europäischen Raum

Heute beschäftigen sich eine ganze Reihe von Firmen mit der Stirlingmotoren-Technologie und treiben damit die Entwicklung ständig voran. Im folgenden soll der derzeitige Stand der Technik (2003) in Text und Bild vorgestellt werden.
Viele Entwickler führen bereits Langzeittests oder Feldtests mit ihren Prototyp- bzw. Vorserien-Motoren durch. Einige Firmen haben die Markteinführung in nächster Zeit (2004/2005) angekündigt, andere bieten bereits fertige Produkte zum Kauf an. Vielfach sind aktuelle Informationen zu den Firmen im Internet zu finden. (siehe auch Adressenverzeichnis in Kap. 9.3). Die Daten zu den einzelnen Motoren werden in Kapitel 9.4 genannt. In Tabelle 11 sind die Entwickler in Europa zusammengefasst.

Einzelvorstellung der Firmen und Entwickler

BSR Solar Technologies hat jüngst einen 5 kW_{el}-Stirlingmotor vorgestellt (Abb. 99). Der Auftrag kam von einem norddeutschen Energieversorger. Als langfristiger Ersatz für große, kommunale Heizkraftwerke wurde eine Stirling-Kraft-Wärme-Kopplung (KWK) entwickelt. Ziel des Projektes ist es, mit vielen kleinen Anlagen – zentral gesteuert – direkt beim Verbraucher Wärme und Strom zu erzeugen.
Die hier entwickelte Technik weist gegenüber vielen anderen Stirling-KWK-Anlagen folgende Merkmale auf:

- Lineare, langsame Bewegungen im thermodynamischen Stirling-Teil (hohe Lebensdauer, hoher Wirkungsgrad)
- Hydraulische Auskopplung der kinetischen Energie

Abb. 99:
Phoenix Kraft-Wärme-Kopplung mit 5 kW_{el} und 10 kW_{th} Leistung. Photo: BSR

Abb. 100:
9 kW-Biomasse-Stirlingmotor von Prof. H.Carlsen. Photo: Carlsen

- Nutzung einer marktüblichen Technologie (geringe Kosten)
- Freie Dynamik ohne Kurbelwelle (neuartige flexible Leistungsanpassung, Verwendung von Standardgeneratoren)
- Mittlere Temperaturen (preisgünstige Materialien)

An der Technischen Universität von Dänemark hat *Prof. Henrik Carlsen* zusammen mit Industriepartnern einen 9 kW und einen 35 kW Stirlingmotor (Abb. 100) entwickelt. Hier steht die Verwendung von Biomasse im Vordergrund.

Die niederländische Entwicklergemeinschaft *Enatec* hat sich Schützenhilfe aus den USA geholt und eine Micro-Kraft-Wärme-Kopplung mit einem 1 kW Stirlingmotor entwickelt (Abb. 101 u. 102). Zum Einsatz kommt der RG 1000 von STC. Zusätzlich ist ein Spitzenlastbrenner mit 24 kW eingebaut – eine schöne Lösung, die schon mehrfach auf Messen gezeigt wurde. Im Laufe des Jahres 2003 soll das Produkt an ausgewählte Testkunden gehen. Für das Jahr 2004 ist die Markteinführung geplant. Der Heizkesselhersteller ATAG Verwarming beteiligt sich an dieser Entwicklung.

EPAS in Leipzig bietet zwei Varianten ihres Stirlingmotors an, den BM 1000 für Biomasse (Abb. 103) und den S 400 als Solar-Stirling. Eine Ähnlichkeit mit dem Viebach-Stirling ist unverkennbar.

Abb. 101:
Mikro-BHKW von Enatec (ohne Verkleidung).
Photo: Enatec

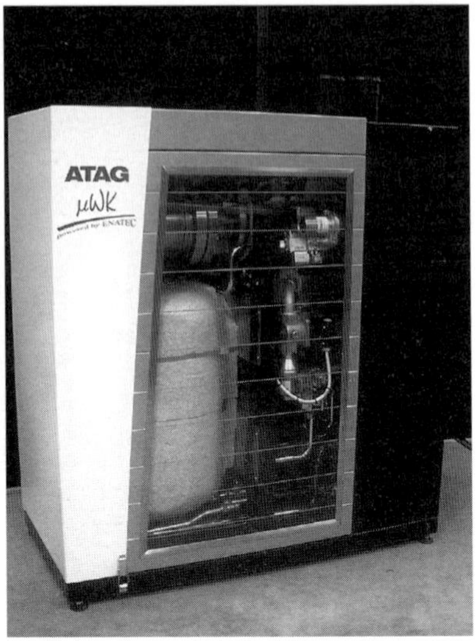

Abb.102:
Kompletttes Mikro-BHKW von Enatec.
Photo: Enatec

Abb. 103:
BM 1000 von EPAS
Photo: Epas

Abb. 104: 30 kW-Biomasse-Stirlingmotor (ohne Verbrennungskanäle) von Joanneum Research. Photo: Joanneum Research

Abb. 105:
TEC 40 von Magnet Motor
Photo: Magnet Motor

Abb. 106:
LG 1-100 von Mayer & Cie.
Photo: Mayer & Cie.

Das Forschungszentrum *Joanneum Research* in Österreich hat sich ebenfalls mit einer speziellen Entwicklung zur Nutzung von Biomasse befasst. Der dort gebaute Stirlingmotor leistet 30 kW_{mech}. Das Gerät wird in einem Biomasse-Fernheizwerk eingesetzt, das nun weitgehend stromautark ist. Für die Auslegung war entscheidend, dass die Anlage wirtschaftlich betrieben werden kann (Abb. 104).

Magnet Motor hat drei Prototypen entwickelt (Leistung 1, 10, 40 kW). Mit dem TEC 40 wurden im Großraum München fünf Pilotanlagen aufgebaut (Abb. 105). In einem Schulzentrum in München-Pasing werden drei Schulen und ein Hallenbad mit Wärme und Strom versorgt.

Im Jahr 1998 übernahm *Mayer & Cie.* in Albstadt die Entwicklung des LS 1-100 vom früheren Hersteller Herrmann (Schwerte) und führte diese weiter. Gebaut wurden 5 Prototypmotoren LG 1-100 (wie in Abb. 106 dargestellt), die bis Ende 2002 im Testbetrieb über 25.000 Stunden liefen. Mit Beginn des Jahres 2003 wurden die Tests weitestgehend abgeschlossen und eine Null-Serie für den Betrieb unter anwendernahen Bedingungen aufgenommen.

Der „MicroGen" von *BG Group*, eine 1,1 kW_{el} Kraft-Wärme-Kopplung wurde in Zusammenarbeit mit Sunpower, USA entwickelt. Als Partner ist auch der japanische Kesselhersteller Rinnai beteiligt. Es laufen Feldtests mit Vorserienmodellen. Für 2004 ist die Markteinführung in Europa und den USA angekündigt. Dieses Gerät wird zur Wärmenutzung mit drei verschiedenen Brennergrößen (15 kW_{th}, 24 kW_{th}, 36 kW_{th}) ausgestattet. Die geräuscharme Mikro-KWK (31 dB(A)) soll wie eine Gastherme in Wohnungen an die Wand montiert werden.

Powerbloc hat den, von der Firma SIG (Schweiz) entwickelten, 1 kW-Stirling übernommen und führt nun einen weiteren Langzeittest durch. Dieses Unternehmen sucht, wie viele andere Entwickler auch, finanzkräftige Partner, um die Entwicklung bis zur Serienreife fortsetzen zu können.

Sigma stellte 1997 einen 3 kW_{el} Stirlingmotor vor, der für den jeweiligen Anwendungsfall zum Komplettaggregat ergänzt werden muss.

STM Power aus den USA entwickelt seit über 20 Jahren Stirling-Maschinen und führt damit die langjährigen Arbeiten des Philips Konzerns auf diesem Gebiet fort. Die Wurzeln reichen bis in die 40er Jahre zurück, als van Weenen den Heißluftmotor „Typ 19" gebaut hat.
Dr. R. J. Meijer, der Gründer von STM Power, hatte sein Leben lang Entwicklungen in der Stirlingmotor-Technologie geleitet und damit einen enormen Erfahrungsschatz für

Abb. 107
Der PCP 1-130 GP von Sigma, Norwegen. Photo: Sigma

Abb. 108
55 kW_{el} PowerUnit® von STM Power, USA in der Produktionshalle. Photo: STM Power

Abb. 109
55 kW_{el} PowerUnit® von STM Power, USA als fertige Einheit (mit geöffneter Gehäusefront).
Photo: STM Power

das Unternehmen gesammelt. Seine Erfahrungen fließen nun in die Serienproduktion des STM 4-120 ein, den es als PowerUnit® in mehreren Leistungsgrößen gibt.

Auf dem Europäischen Stirling Forum 2002 kündigte STM Power das Aggregat an, das nach neuesten Informationen mit 55 kW_{el} Ausgangsleistung angeboten wird. Ein weiteres Modell gibt es auch in der Version mit 25 kW – u.a. für den solaren Einsatz. Im Jahr 2002 wurden 50 Stück des 25 kW-Modells gebaut. Für das Jahr 2003 ist eine Produktion von 300 PowerUnits mit je 55 kW_{el} geplant.

Die Entwickler bei *Sunmachine* betreiben ihre 2 kW_{el}-Motoren im Laborversuch als Gas-BHKW (s. Abb. 111) und als hybrides Solar-Dish-System mit Solar- und/oder Gasbetrieb (s. Abb. 112). Anfang 2003 wurden die Vorbereitungen für einen Feldversuch für ca. 10 Maschinen zusammen mit verschiedenen Partnern begonnen.
Der STA 520-25 von Sunmachine ist speziell für die Anwendung als stromerzeugende Hausheizung entwickelt: Nach Aussage von Sunmachine hat er einen hohen Wirkungsgrad (25% elektrisch), ist wartungsfrei und hat eine sehr lange Lebensdauer.
Abb. 111 zeigt das SUNMACHINE-Gas-Blockheizkraftwerk, ein Mini-BHKW in Brennwerttechnik für gasförmige Brennstoffe.

Die SUNMACHINE-Solar/Gas kann sowohl solar, als auch mit Gas betrieben werden. Das hybride Solar-Dish-System hat einem Spiegel (Ø 4 m) und einem Gasbrenner. Diese Energiezentrale kann anstelle von mehreren energieerzeugenden Komponenten eingesetzt werden. Beispielsweise sind 10 m² Sonnenkollektoren, eine 25 m² Photovoltaik-Anlage, ein 3 kW_{el} Stromaggregat und ein Gas-Brennwertkessel damit ersetzbar. Der Gasbrenner sorgt dafür, dass der STA 520-25 unabhängig von der Sonneneinstrahlung, d.h. auch nachts oder bei Regenwetter betrieben werden kann.

Für die dezentrale Energieversorgung im ländlichen Raum der Entwicklungsländer kann dies ausgesprochen interessant sein, insbesondere, wenn Pflanzenöl aus regional angebauten Ölsaaten hergestellt und als CO_2 neutraler Brennstoff eingesetzt wird.

Abb. 110
Motor STA 520-25 von Sunmachine.
Photo: Sunmachine

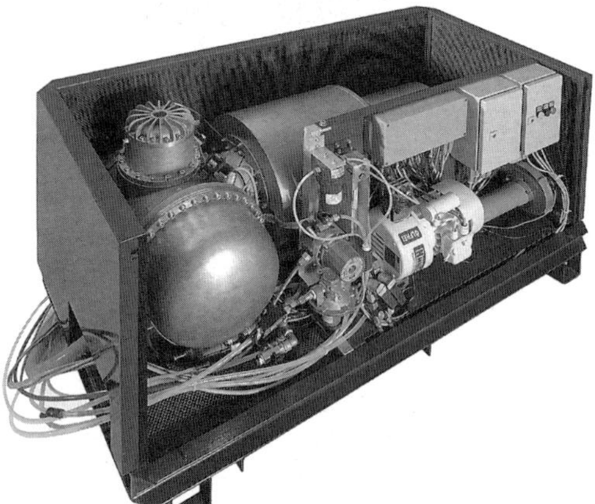

Abb. 111
Das SUNMACHINE-Gas-Blockheizkraftwerk.
Photo: Sunmachine

Abb. 112
Die SUNMACHINE-Solar/Gas als
Dish-Stirling-System. Photo: Sunmachine

Der Klassiker „ST 05 G" von Dieter Viebach

Ein für Selbstfertiger verfügbarer Stirlingmotor wird als Zeichnungssatz mit Gussteilen (Abb. 113 bis 115) von D. Viebach angeboten (siehe Adressenverzeichnis). Dieser Motor leistete als Prototyp 0,5 kW. Auch die doppelte Leistung kann mit einigen Veränderungen erreicht werden. Bereits über 110 Gussteilbesitzer betreiben einen regen Erfahrungsaustausch über den Bau von Stirlingmotoren auf dieser Basis. Es gab einen Wettbewerb, der zahlreiche Varianten und abgewandelte Bauformen hervorge-

Abb. 113
Stirlingmotor ST05 von Viebach.
Photo: D. Viebach

Technische Daten

Gewicht (Aluguß)	ca. 20 kg
Hub	75 mm
Arbeitsmedium	Luft / Stickstoff
Betriebsdruck	bis 10 bar
Leerlaufdrehzahl	ca. 800 U/min
Drehmoment	8 Nm
Leistung (Ziel)	500 W

Abb. 114 *(unten links)*
Der Stirlingmotor ST05G-G mit Generator im Druckgehäuse. Photo: D. Viebach

Abb. 115 *(unten rechts)*
Der Alu-Rohgussteilesatz für den Motor ST05G von Viebach. Photo: D. Viebach

bracht hat. Erste Pilotanlagen als Kleinst-BHKW bauten Uwe Moch in Hannover (mit Flüssiggas), Hubert Eckl in Ingolstadt (mit Holzhackschnitzel bzw. Pellets), und der AK Stirling in München (mit Erdgas). Abb. 116 zeigt den Motor von Martin Glasl aus Ingolstadt mit der dazu entwickelten Steuerungselektronik.

Wie bei den Wärmequellen in Kap. 4.1 dargestellt, wird die Nutzung von Holz erhebliche Bedeutung für den Einsatz von Stirlingmotoren haben. Hier noch ein Anlagen-Portrait zu dem „Stirling-Blockheizkraftwerk mit Holzpellet-Feuerung für das Einfamilienhaus" von Hubert Eckl in Ingolstadt:

„Vor über 10 Jahren waren keine Stirlingmotoren im unteren Leistungsbereich erhältlich. Daher hatte Dieter Viebach die Initiative ergriffen und einen Demonstrationsmotor entwickelt. Das Angebot bestand aus einem Zeichnungssatz und den notwendigen Gussteilen. Bis heute ist der Materialsatz über 110 mal verkauft worden. Reger Erfahrungsaustausch unter den Motorbauern wird durch Rundschreiben und eine Internetseite ermöglicht – die „vernetzten" Motorbauer steigerten so durch viele kleine Verbesserungen die Lebensdauer und die Leistung dieses Motors.
Von seiner Dimensionierung her eignet sich der Viebach-Motor ideal zur Kraft-Wärme-Kopplung im Einfamilienhaus. Im kontinuierlichen Betrieb lassen sich täglich 7 kWh elektrischer Energie erzeugen, ausreichend für einen 4-Personen-Haushalt. Die anfallende Abwärme deckt den Grundwärmebedarf während der ganzen Heizsaison ab. Alle regenerativen Brennstoffe können zum Einsatz kommen, besonders naheliegend aber ist Holz.
Im Frühjahr 1993 begann der Bau einer Holzhackschnitzelfeuerung, und nach und nach entstand ein Konzept für ein kleines Blockheizkraftwerk (Mikro-BHKW) im Keller eines Einfamilienhauses. Durch ein Photovoltaik-Förderprogramm der Stadtwerke Ingolstadt wird auch der BHKW-Strom kostendeckend vergütet, da eine regenerative Energiequelle genutzt wird. Innerhalb der letzten sechs Jahre wurden zahlreiche Optimierungen an der Anlage durchgeführt. Heute existieren eine Holzpelletfeuerung und ein Wärmetauscher zur Luftvorwärmung, der in einer hochtemperaturisolierten Brennkammer untergebracht ist. Als Generator kommt nun eine permanenterregte Synchronmaschine zum Einsatz – gestartet wird der Motor mittels eines selbst entworfenen Umrichters. Die Steuerung der Anlage erfolgt durch einen Microcontroller in Verbindung mit einem Handheld-Computer (bei der Auslegung der Steuerelektronik wurde auf minimalen Energieverbrauch geachtet).
Der Entwicklungsaufwand war nicht nur beim Stirlingmotor selbst, sondern auch bei den übrigen Anlagenbestandteilen wie Feuerung, Wärmetauschern, Generator und Steuerung groß. Dennoch ist das Stirling-BHKW eine kleine überschaubare Einheit geblieben.
Eine solche Biomasse-Kraft-Wärme-Kopplung, die den Grundbedarf an Strom und Wärme abdeckt, kann einen beachtlichen Beitrag zu einer nachhaltigen Energieversorgung leisten. Dass es funktioniert und Sinn macht konnte hier in Privatinitiative gezeigt werden."

Abb. 116:
Der Viebach-Motor von M.Glasl mit aufgebauter Steuerungselektronik.
Photo: H.Eckl

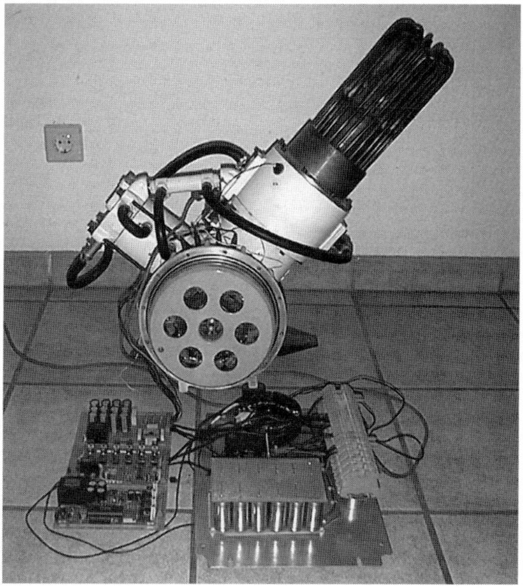

Aufbauend auf dem Gussteilesatz entstand eine α-Maschine ST-A-96/80 (Dr. Bernd Kammerich, Dortmund) und die β-Version STB-393 (S. Viebach, Kolbermoor). E. Weber baute eine Solarversion auf. Der AK Stirlingmotor München hat den Viebach-Motor als Kältemaschine betrieben und konnte damit Temperaturen von unter -100 °C erzeugen.

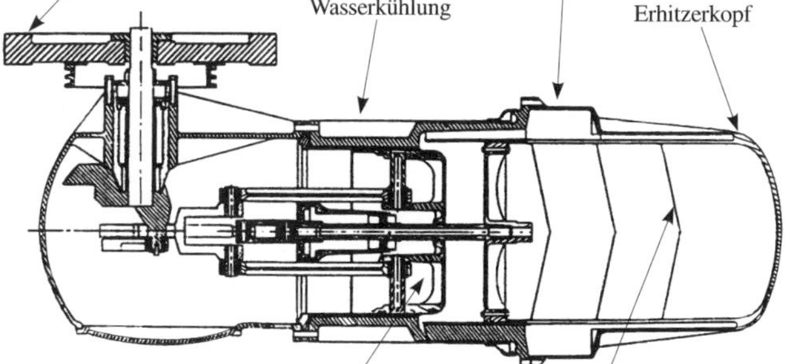

Abb. 117
Der ST5 im Schnitt, wie er im Ökozentrum Langenbruck (Schweiz) erprobt wurde.

Als weitere Entwicklung ist noch der Stirlingmotor ST5 mit Winkel-Hebelgetriebe zu nennen. Er wurde Ende der 80er Jahre in einer einmaligen Serie von 100 Stück in Madras produziert. US-Ingenieure bauten im Auftrag der indischen Regierung diesen Kurbelwellenmotor, der mit Holzschnitzeln befeuert wird. Der Motor hat eine Leistung von 3,5 kW, läuft mit einer Drehzahl von 600 U/min und wird mit dem Arbeitsmedium Luft bei einem Druck von 5 bar betrieben. Es ist eine Anlage bekannt, die in einem landwirtschaftlichen Betrieb eingesetzt wurde. Andere Motoren befinden sich in wissenschaftlichen Instituten. Der hier abgebildete Motor (Abb. 117) wurde von Ingenieuren des Ökozentrums Langenbruck (Schweiz) weiterentwickelt. Er ist dort eine der Komponenten in der Energieversorgung für das Hauptgebäude. Zu den Erzeugungsanlagen für Raumwärme, Brauchwarmwasser und Strom gehört neben Holzhackschnitzelkessel und Stirlingmotor auch eine Kraft-Wärme-Kopplung mit Dieselmotor.

Es können nicht alle aktuellen Entwicklungen an dieser Stelle behandelt werden. Schwerpunktmäßig wurden die europäischen Aktivitäten aufgezeigt. Der amerikanische Entwickler Dekaresearch (USA) tauchte z.B. mehrfach in der deutschen Presse auf, genauere Angaben zum Entwicklungsstand waren jedoch nicht in Erfahrung zu bringen.

7.2 Beginn der Serienfertigung

Im Jahr 2002 hat *Solo Kleinmotoren* aus Sindelfingen weitere 20 Stück des Solo 161 produziert. Für 2003 sind 50 Stück geplant. Kommen noch Aufträge für die Solar-Dish-Version hinzu, können es entsprechend mehr werden. Der Preis für das Solo Stirling 161 microKWK-Modul für den Gasbetrieb lag im Frühjahr 2003 bei 24.500 € (ohne MwSt). Die Lieferzeit wurde mit ca. 6 - 8 Wochen angegeben.

In Neuseeland hat *Whisper Tech* bis März 2002 bereits 400 Stück des WhisperGen produziert. In den darauf folgenden 12 Monaten kamen knapp 220 Stück hinzu. Für 2003 ist der Bau von ca. 1100 Maschinen vorgesehen. Die Fertigungskapazität in Christchurch liegt bei 2000 Einheiten im Jahr. Die DC-Version für 12 V oder 24 V Gleichstrom mit Diesel als Brennstoff wird für ca. 12.100 € (ohne MwSt) angeboten. Nach dem europäischen Markt soll nun der japanische, amerikanische und asiatische Markt erschlossen werden. Bei weiter steigenden Produktionszahlen ist zu erwarten, dass die Preise sinken werden.
Die AC-Version für 230 V Netzeinspeisung mit Gasbetrieb wird nach dem Feldtest in England (Winter 2002/2003) im Laufe des Jahres 2003 auf dem westeuropäischen Markt eingeführt. Beide Versionen haben zwischenzeitlich das CE-Zeichen erhalten.

Die beiden Firmen werden hier näher vorgestellt.

Solo Kleinmotoren GmbH, Sindelfingen

Im Jahr 2002 hat Solo Kleinmotoren die Produktion des microKWK-Moduls Solo Stirling 161 aufgenommen. Abb. 118 zcigt es in seiner aktuellen Ausführung. Über 10 Jahre wurden an dem technischen Update der ursprünglich schwedischen Entwicklung V160 gearbeitet und der Motor zur Serienreife entwickelt. Allein die Neuentwicklung und Anpassung des Gasbrenners mit Brennraum an den Erhitzer nahm mehrere Jahre in Anspruch.
Die Mühen haben sich gelohnt, denn auf der Internationalen Handwerksmesse München im Frühjahr 2003 erhielt Solo den Bundesinnovationspreis (Bundespreis für hervorragende innovatorische Leistungen für das Handwerk in der Kategorie Technologie und Umwelt).

Die Schadstoffemissionen erdgasbetriebener Maschinen sind ausgesprochen gering. Es wird jedoch angestrebt, durch Weiterentwicklung des Brenners die Abgaswerte noch weiter abzusenken. Verglichen mit den zugelassenen Werten nach TA Luft für BHKWs mit konventionellen Motoren (mit Katalysator und Lambdasonde ausgestattet) gibt es nur minimale Emissionen an NO_x und CO. Um dies zu erreichen, wurde ein FLOX®-Brenner (FLammenlose OXidation) eigens für diese Anwendung entwickelt. Dabei galt es zwei gegensätzliche Effekte zu beherrschen. Durch eine intensive Abgasrückführung innerhalb des Brennraumes werden Temperaturspitzen vermieden, die die Entstehung von thermischem Stickoxiden begünstigen würden. Damit gleichzeitig Kohlenmonoxid und Kohlenwasserstoffe (HC) vollständig ausbrennen können, muss die Wandtemperatur des Brennraumes andererseits hoch genug sein.
Da die fossilen Brennstoffvorräte auf der Erde endlich sind und immer teurer werden, rückt die Nutzung nachwachsender (regenerativer) Brennstoffe stärker in den Vorder-

Abb. 118:
Das microKWK-Modul Solo Stirling 161 (offen).
Photo: Solo

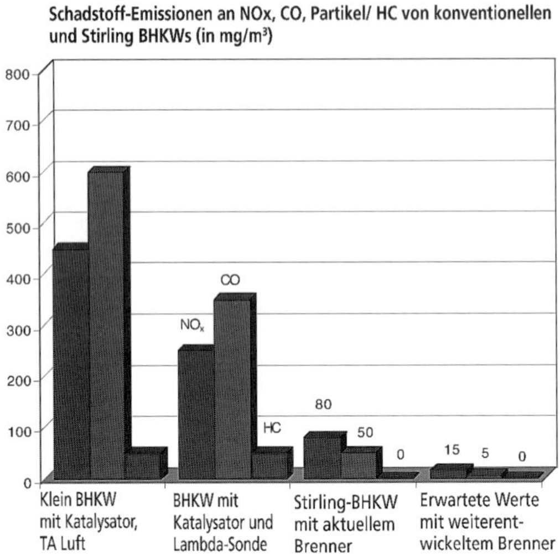

Abb. 119:
Schadstoffemissionen an NO_x, CO, Partikeln / HC von konventionellen Ottomotoren und Stirling-BHKWs (in mg/m³).
Graphik: Solo

grund. Bei Solo wird daher intensiv an der Version zur Biomassenutzung gearbeitet. Abb. 120 zeigt den Teststand für den Solo 161 P mit einer Feuerung für Pellets. In 2004 soll diese Variante kommerziell verfügbar sein.
Die technischen Daten zum Solo 161 finden sich in Kap. 9.4 auf Seite 165. Ausführliche Informationen enthält die CD-ROM mit dem Titel „Art of Technology", die von der neu gegründeten Tochterfirma Solo Stirling GmbH herausgegeben wird. An der KWK-Einheit ist bemerkenswert, dass sie modulierend arbeitet. Hierzu wird der Arbeitsgasdruck und die Brennerleistung variiert. Elektrisch stehen dann 2 bis 9 kW zur Verfügung und thermisch 8 bis 24 kW. Somit kann das Aggregat einen größeren Bereich an Laststunden abdecken und häufige Start-Stopp-Phasen vermeiden.
Für die Planung eines Blockheizkraftwerkes bietet Solo eine eingehende technische Beratung und Prüfung an (siehe hierzu auch www.stirling-engine.de). Die Anwen-

Abb: 120:
Teststand des Biomasse-Stirling Solo 161 P
Photo: Solo

dungsbereiche liegen in Gewerbebetrieben, Hotels, Schwimmbädern und Wohnanlagen ab einer bestimmten Größe. Die Wirtschaftlichkeit muss für den jeweiligen Betreiber objektbezogen berechnet werden.
Abb. 121 zeigt ein Anlagenschema für die Einbindung des Solo 161 in eine größere Heizungsanlage. Je größer der Pufferspeicher ist, desto vorteilhafter ist dies für den Betrieb des BHKWs.
Ein Stirling-BHKW muss in der passenden Leistungsgröße ausgewählt werden, um es mit optimalen Laufzeiten nutzen zu können.
Die Wirtschaftlichkeit eines Stirling-BHKWs ist generell von einigen Rahmenbedingungen abhängig:

- energiepolitische Ziele in Deutschland und Europa,
- gesetzliche Bestimmungen zur Stromvergütung bei der Netzeinspeisung in Deutschland,
- einzelne Verträge mit den Stromversorgern,
- objektbezogene Berechnungen zu vermiedenem Bezug von Fremdstrom und
- steigende Energiepreise.

Die Lage scheint günstig. Generell kann gesagt werden, dass sich bei geeigneten Objekten die Investition im Laufe der Lebensdauer eines solchen Aggregates bezahlt macht. Im Gegensatz dazu amortisiert sich ein Heizkessel während seiner Nutzungszeit nicht. Bei höheren Stückzahlen und der Konkurrenz durch mehrere Hersteller können Stirling-Blockheizkraftwerke in den nächsten Jahren günstiger gekauft werden als dies jetzt noch der Fall ist.

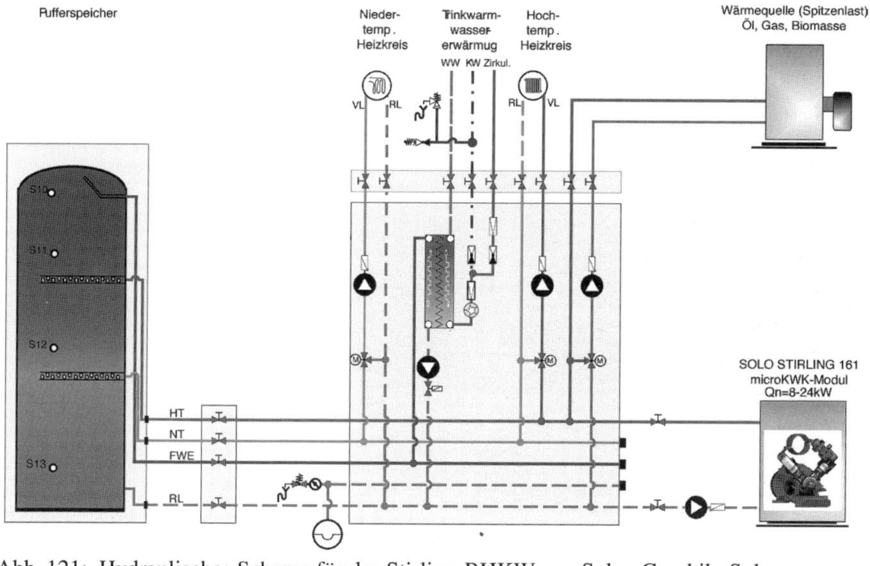

Abb. 121: Hydraulisches Schema für das Stirling-BHKW von Solo. Graphik: Solo

Whisper Tech Ltd., Neuseeland

Diese Firma hat ihren Sitz in Christchurch, Neuseeland. Die Zahl der Beschäftigten liegt bei ca. 60 Personen. Anteilseigner sind u.a. zu 33% der führende Stromverteiler „Orion New Zealand Limited”, und zu 25% der größte neuseeländische Stromversorger „Meridian Energy Limited”.
Hier wird der WhisperGen® produziert, eine kleine, kompakte KWK-Einheit, die für mobile und stationäre Einsätze entwickelt wurde. Der WhisperGen hat eine elektrische Leistung von 750 – 1000 W. Die thermische Leistung beträgt ca. 6 kW. Es gibt die beiden Versionen DC (Gleichstrom 12 oder 24 Volt) und AC (Wechselstrom 230 V 50/60 Hz). Als Brennstoffe werden bisher Heizöl, Diesel und Gas verwendet.

Ein Feldtest mit ca. 50 Maschinen in England für die Heizperiode 2002/2003 ist abgeschlossen und ausgewertet. Bis Herbst 2003 sollen dort weitere 400 WhisperGen als Mikro-KWK installiert werden. Dieser Schritt ist der Einstieg in die kommerzielle Vermarktung als Mikro-BHKW in Europa.
Seit fast drei Jahren sind ca. 30 AC-Maschinen in Europa bei verschiedenen Energieversorgern (Strom / Gas) auf den Prüfständen. Nähere Angaben wurden dazu von Whisper Tech nicht gemacht. Bekannt ist inzwischen, dass das Institut für Solare Energieversorgungstechnik ISET der Universität Kassel einen Stirlingmotor zur Untersuchung der Biogasnutzung erworben hat. Ferner betreibt die Hochschule für Technik und Architektur Luzern einen Prüfstand für Mikro-KWK-Anlagen und hat eine Vermessung des WhisperGen vorgenommen.

(1) Brennkammer
(2) Erhitzer
(3) Kühler
(4) Taumelscheibentriebwerk
(5) hermetisch geschlossener Generator
(6) Mikroprozessorsteuerung
(7) Anzeigeelement
(8) Gehäuseabdeckung

Abb. 122
Der WhisperGen® von Whisper Tech Ltd.
Photo: Whisper Tech Ltd.

Als ganz besondere Einsatzfälle für den WhisperGen sind zu nennen: Unabhängige Stromversorgung in einem Krankenwagen sowie auf einer zeitweise unbemannten Forschungsstation in der Antarktis. Über den Einsatz auf Yachten und im Freizeitbereich wurde bereits in den Kapiteln 6.2.2, 6.2.4 und 6.2.5 berichtet.

Seit Beginn der Markteinführung im Bootsbereich wird auch nach einer Möglichkeit gesucht, den WhisperGen in Europa zu produzieren.

Hier ein Bericht von Kuno Kübler von seinem Besuch der Fertigung des WhisperGen in Neuseeland:
„Eine Reihe neuseeländischer und australischer Firmen liefern die Einzelteile für den Motor. Nach Durchlaufen der Eingangskontrolle gehen die Teile ins Lager. An mehreren Arbeitsständen wird der WhisperGen zusammengebaut. An einem speziellen Arbeitsplatz werden unter Reinraumbedingungen die Arbeitskolben, die in Tüten abgepackt bereit liegen, eingesetzt. Nur so ist gewährleistet, dass die Dichtungen nicht durch Verunreinigungen vorzeitig verschleißen.
Die Qualitätskontrolle ist durchgängig. Viele Einzelteile sind so vorgefertigt, dass es den Eindruck erweckt, als wäre es ein leichtes Spiel sie zusammenzufügen. Die Steu-

Abb. 123
Überblick über die
Fertigungshalle,
Photo: Kübler, 2002

Abb. 124
Vorbereitung auf die
Gehäusemontage.
Photo: Kübler, 2002

erung ist komplett fertig, nur die Kabel müssen miteinander verbunden werden. Jeder WhisperGen hat seinen Arbeitsbogen, in den alle Daten eingetragen werden.
Der WhisperGen läuft noch nicht vom Fließband. Vielmehr leisten kleine Arbeitsgruppen bisher noch viel Handarbeit. Wie wird wohl die erste Fabrik aussehen, in der der WhisperGen tatsächlich am Band hergestellt wird? Und wo wird sie errichtet? Noch ist dies eine Frage der Zukunft, aber bereits in 12 bis 24 Monaten wird wohl Genaueres darüber bekannt sein.
Das fertige Aggregat kommt auf den Prüfstand und läuft dort 100 Stunden, bevor es für den Versand verpackt wird. Es wird daran gearbeitet, diesen Prüfzyklus auf ca. 10 Stunden zu verkürzen.
Für die AC-Version gibt es einen eigenen Prüfraum. Dort sind besondere Sicherheitseinrichtungen vorhanden, da Gas als Brennstoff verwendet wird. Im Frühjahr 2002 wurde hier fieberhaft gearbeitet, denn im darauf folgenden Herbst sollten ca. 30 Maschinen für einen Feldtest nach England ausgeliefert werden.

Abb. 125:
Prüfstand für den DC-WhisperGen.
Photo: Kübler, 2002

Abb. 126:
Prüfstand für den AC-WhisperGen.
Photo: Kübler, 2002

Bis die Fertigungskapazitäten von 40 Stück pro Woche erreicht sind, wird noch einige Zeit vergehen. Später soll eine Produktion marktnah in Europa angesiedelt werden. Die Teile werden dann in Neuseeland vorgefertigt, während der Zusammenbau dann irgendwo im europäischen Raum erfolgen kann.
Der Bereich Forschung und Entwicklung wird noch ein Schwerpunkt für die nächsten Jahre sein. Der Technische Direktor Don Clucas leitet die Entwicklungsabteilung. Clucas berichtete, dass gerade die Brennerentwicklung noch längst nicht abgeschlossen ist, denn es gibt zahlreiche Anfragen für Biogas-, Biodiesel- oder Pflanzenölbrenner. In einem Container neben dem Fertigungsgebäude sind verschiedene Prüfstände (Klimakammer, Dauerlauftest, Schwingungsverhalten) untergebracht.
Eine Maschine läuft hier Tag und Nacht und hatte zuletzt (Sommer 2002) über 15.000 Stunden an Laufzeit erreicht. Danach wurde sie durch ein neueres Modell ersetzt. Mittlerweile sind zwischen 100.000 und 200.000 Stunden an kumulierter Betriebszeit zusammengekommen.
An einem anderen Teststand wird die Maschine für die mobile Anwendung untersucht, wo Schwingungen auftreten und zu Störungen führen können. Es sind viele Tests erforderlich, bevor ein neues Anwendungsgebiet erschlossen werden kann. Dies war auch vor dem Einsatz in der Antarktis-Forschungsstation der Fall.

Zur Erweiterung der Produktpalette wird an einem Aggregat mit 3 kW gearbeitet, ein ein Prototyp ist bereits vorhanden."

7.3 Forschung

In diesem Kapitel werden die Forschungseinrichtungen und Entwickler genannt, die weltweit an der Weiterentwicklung der Stirlingtechnologie arbeiten. Dazu ist der jeweilige Forschungsgegenstand der letzten Jahre in kurzen Worten erläutert. Nähere Angaben über den Stand der jeweiligen Entwicklung sind der einschlägigen Literatur zu entnehmen (Verzeichnis siehe Kap. 9.2).

Forschungseinrichtung Entwickler	Forschungsgegenstand	Stand
Aisin Seiki	30 kW Stm. für Wärmepumpenanwendungen, Brenner mit niedrigem NO_x-Ausstoß, Regeneratorforschung	Ziel Studie Studie
→ mit Riken Co.	Dichtungssysteme und Kolbenringe für Stm.	Test
→ mit Hok.Coll.	Auswirkung des Regenerators auf Freikolben	Test
AMRI	Entwicklung eines Martini-Verdrängermotors	Test
ASME	Normung von Bezeichnungen bei der Berechnung	Studie

Forschungseinrichtung / Entwickler	Forschungsgegenstand	Stand
BSR Solar	Fremderregte Stirlingmotoren mit hydraul. Leistungsauskopplung im Hoch-, Mittel- u. Niedertemperaturbreich	Test
	Thermochemischer Speicher MgH_2 (24-Stunden-Solarkraftwerke)	Test
	Solarreceiver, Konzentratoren	Test
Budliger	Freikolben-Vuilleumiermaschine mit Resonanzrohr,	Test
	Schwingungsversuche,	Ziel
	Arbeitsmedium Gasmischungen	Ziel
Brenk	Magnet. Kraftauskopplung am Stm.	Test
Creare Inc.	Membran Cryokühler	Ziel
DLR	Entwicklung eines Solarreceivers für V160/161	Test
ECOS	Kraftwärmekopplung mittels Biogasstirlingmotor	Ziel
	Studie für Biomassenutzung i. A. der Europ. Komm.	Studie
Eder	thermo-hydraulische Stirlingmaschine	Test
Enatec	Feldtest mit RG 1000	Test
ENERGO Ltd.	Heat Pipes an Stirling Erhitzerköpfen,	Test
	Solarspiegel-Stirlingmotor (50 kW_{el}),	Test
	Mehrstoff-Verbrennung	Studie
Energy & Resources	Stirling Cryokühler	Test
ESD Engines	Getriebe, Niederdruck-Stirlingmotor für Biomasse	Test
Fette	Flüssigkolben Stirlingmotor	Studie
FH München FB 03	Praktikumsversuch	Test
FH München FB 05	Untersuchungen am WhisperGen	Test
FH Reutlingen	Programm zur Berechnung von Stirling-Maschinen	Ziel
Finkelstein	Thermodynamische Berechnungen am Stirling	Studie
Glenn Research Center	Stm.-Freikolbentechnologie in Raumflugkörpern,	Ziel
GoldStar Co. Ltd.	Stirling-Kühlaggregat	Test
Gros	alternative Verdrängerbewegung am Beta-Stirling	Studie
HCR/CDER	Optimale Arbeitstemperaturen bei Receiver-Stm.	Studie
HTA Luzern	Prüfstand für Stirling Micro-KWK	Test
ICPIAF-SA	Stirling Cryocooler	Studie
Institut Dresden	Kältemaschine 15 W; 80 K	Test
ISET	Biogasanwendung beim WhisperGen	Test
Israel Elec. Corp.	Stirling-Wärmetauscher Berechnung und Test	Ziel
Joanneum	Kraft-Wärme-Kopplung mit Holz,	Studie
	Bau eines 3 kW Stirlingmotors	Ziel
Kawasaki	Hochleistungs-Stirling Kühlmaschine,	Test
	Regeneratorforschung	Test

Forschungseinrichtung / Entwickler	Forschungsgegenstand	Stand
Langenbruck	Hackschnitzelfeuerung am ST 5, Stirlingmotor als Hybrid Fahrzeugantrieb	Ziel Studie
→ mit Sunpower	Freikolbenstirlinggenerator für Stromerzeugung	Test
Lithuanian Energy Inst.	Entwicklung eines 2,5 kW_{el} Stirling-Generators	Test
Los Alamos Lab.	Malone-Kühlaggregate, flüssiges Arbeitsmedium	Test
Lund Inst. of Techn.	Brenner mit niedriger Emission für Stirlingmotoren	Test
Magnet	5 Pilotanlagen mit 40 kW	Ziel
Matsushita Electric Industries Co	Durch Freikolben-Stirlingmaschine angetriebener Kompressor	Test
Mayer & Cie	LG 1-100	Test
MicroGen	1,1 kW Mikro-KWK (Feldtest)	Test
MITI	Optimierung von Kolbenringen für Stirlingmotoren, Thermische Regeneratorleistung, Drahtdurchmesser im Regenerator	Studie Test Test
Mitsubishi Electric Co.	Stirlingm. mit über 3 kW in Wärmepumpensystemen	Ziel
→ mit Elect. Lab.	kleine Vuilleumier-Kühlmaschine	Test
MTI	Stirling-Automotoren stationär eingesetzt	Studie
Moch	Kleinst-BHKW mit 200 W	Ziel
National Aerosp. → mit Mitsubishi	NO_x-Reduktion bei Brennern, versch. Stirlingmotoren für Raumfahrzeuge, Heat-Pipes für Stirlingmotoren, Hybrid Stirlingmotoren (NALSEM-Serie)	Ziel Test Test Test
Nat.Def.Acad.	Test und Optimierung des NS03T Stirlingmotors	Test
New Energy Dev.Org	Stirlingmotoren allgemein	Test
Nipon Piston Ring	Entwicklung von Kolbenringen für Stirlingmotoren	Test
Oak Ridge Nat. Lab.	Stirlingmotoren und Anwendungen allgemein	Studie/Test
Osaka El. Uni, AC.	Berechnung über Dynamik eines b-Stirlingmotors	Studie
Osaka Gas Co.	Entwicklung einer 6 kW Stirling-Wärmepumpe	Test
Royal Naval Eng.Coll. → mit Uni Calgary	Unterwasseranwendungen von Stirlingmotoren, Programm zum Auslegen U-Boot Stirling-Antrieb	Studie Ziel
RWTH Aachen	Entwicklung von Ölbrennern für StM	Studie
Saarbergwerke	Entwicklung des ST 20/1	abgebrochen
Sanden Co., und Nihon Uni.	Entwicklung und Anwendung eines 2.5-kW-Stirling-motors (5-Zylinder, doppeltwirkend)	Test
Sanyo Electric Co.	Entwicklung eines ca. 30-kW-Stirlingmotors, Entwicklung einer Vuilleumier Wärmepumpe	Ziel Ziel
Schager	Miniatur-Stirlingmotoren	Ziel
Schlaich	Parabolspiegel mit Stirlingmotoren	Ziel

Forschungseinrichtung / Entwickler	Forschungsgegenstand	Stand
Shandong Polyt. Uni	Diesel-Stirling Hybridsysteme	Studie
Shanghai M.D.E.R.I.	Entwicklung von Stirlingmotoren	Test
Sigma	3 kW Stirlingmotor von TEM	Test
Stirling Cryonetics → mit Uni Eindhoven	Stirling-Kühlmaschinen	Studie
Institut	- Wärmerohrentwicklung	Test
Ship Res. Inst.	Entwicklung eines 2-kW-g-Stirlingmotors	Test
Société Eca	Entwicklung eines 12-kW-Stirlingmotors	Studie
Solo	Weiterentwicklung des V160,	Ziel
	Pilotphase mit 20 BHKWs (Solo161),	Ziel
	Solarversion Solo 161,	Ziel
	Solo 161P für Biomassenutzung	Test
	Solo 161 als Kältemaschine	Test
Ständer	6 kW Maschine; Biomassefeuerung	Studie
STC	Freikolben Hydraulik Stm. mit Solarreceiver,	Studie
	Labortechnik für Stirlingmotoren	Ziel
STM	Stirlingmotoren und Anwendungen,	Ziel
	Gasverflüssigung mit STM4-120CC Cryokühler,	Test
	Kommerzialisierung von Stirlingsystemen	Studie
Sunmachine	Akustische Stirlingmaschinen	Studie
	Freikolben-Flachplatten-Stirlingmaschinen	Studie
	Stirlingmotoren 1 - 4 kW	Studie
Sunpower	Stirlingmaschinen allgemein,	Test
→ mit General Electric	Freikolbenstirling Kühlmaschinen	Test
TB Kocsisek	Entwicklung BHKW 1-285-7,5	Studie
Toshiba Co., C.P.E.L.	3-kW-Stirlingmotor zum Antrieb einer Wärmepumpe	Test
TU Berlin	Kathalytische Verbrennung als Stirling-Antrieb	Ziel
TU Dresden	Dynamische Messung im NT-Stirlingmotor	Test
TU of Denmark	stationäre 10 kW_{el} Stirlingmaschine,	Test
→ mit Uni Dortmund	Tests an einer Vuilleumier-Wärmepumpe	Test
TU München	Vuilleumiermaschine	Ziel
TU of Szczecin	Berechnungsoptimierung Gamma-Stirlingmotor,	Studie
	Arbeitsmedium(Gas)untersuchungen	Test
TU-Gdansk, → Uni Rom	numerische Berechnung der Winkelgeschwindigkeiten im Rhombengetriebe,	Studie
	3D Vektor-Modell des V160-Getriebes	Studie

Forschungseinrichtung / Entwickler	Forschungsgegenstand	Stand
Uni of Calgary	Computerunterstützte Stirlingmotor-Konstruktion,	Ziel
	numerische Stirlingmotor Berechnung,	Ziel
	Berechnungen zum Regenerator,	Studie
	Kolin-Flachplatten Kühlschrank,	Test
	Abwärmenutzung von Turbinen durch Stirlingmot.,	Studie
	Stirling Kühlschränke,	Studie
	CO_2 Emissionen am Stirlingmotor	Studie
Uni of Canterbury (Stirling Cycle Research Group)	Stirlingmotor-Batterieladegerät für Schiffe	Ziel
	Entwicklung eines 3 kW-Stirlingmotors	Test
	Entwicklung eines Stirling-Kühlschranks	Test
	Entwicklung einer kostengünstigen Stirling-Wärmepumpe	Test
	Entwicklung des physikalischen Modells "Dichtungen" mit Dichtungsmodellierung und Simulationsprogramm	Studie
	Teststand zur Untersuchung von Dichtungen	Test
	Entwicklungs-Programm für Regeneratormaterialien	Test
Uni Gazi	Berechnung des Stirling-Regenerators	Studie
Uni GHS Essen	Entwicklung einer Kältemaschine	Test
Uni of Genoa	kombiniertes Diesel-Stirling-Aggregat	Studie
Uni Hannover	Erhitzerauslegung (Strömung) für Fix-Focus-Paraboloide	Studie
Uni of Hunan	Temp.-u.Spannungsbelastungen im Zylind.kopf,	Studie
	Entwicklung eines 3 kW β-Stirlingmotors,	Ziel
	Entwicklung eines 10 kW α-Stirlingmotors,	Ziel
	Entwicklung eines 4 kW α-Stirlingmotors,	Ziel
	Berechnungssimulation von Vorgängen im Stm.,	Studie
	Dichtungssystem, Erhitzer und Kühler,	Studie
	Arbeitsmedium Luft,	Studie
	Hitzebeständigeres Metall für Stirlingmotoren,	Test
	verschiedene Brennstoffe im Brennraum	Studie
Uni of Lund	hermetisch gedichteter 4-kW-b-Stirlingm., Keramik	Test
Uni of Meiji	Druckabfall in Stirling-Wärmetauschern	Studie
Uni of New South Wales	Einsatz des WhisperGen in der Antarktis	Test
Uni of Nihon	Stirlingmotor mit innerer Verbrennung,	Test
→ mit Katayose u. Sanden	Entwicklung eines Stirlingmotors mit Industrie-brenner,	Test
→ mit Sanden	Stirling-Klimaanlage für Autos,	Studie
→ mit Tohoku Uni	Entwicklung eines solaren Stirling-Receiversystems,	Test
	1 kW Solar-Stirling Einheit (TNT-3),	Test
	atmosphärischer 200W Solar-Stirlingmotor (NAS-2)	Test
→ mit Electric Power	Vektor-Berechnungsmethode für Stirlingmotoren,	Studie

Forschungseinrichtung / Entwickler	Forschungsgegenstand	Stand
Uni of Nihon	Optimierung von Regeneratoren,	Studie
→ mit Ship Res. Inst.	Stirling-Antriebssystem für U-Boote	Studie
Uni of Oviedo	Getriebeberechnungen	Studie
Uni of Reading	Wärmeübertragung am Zylinderkopf,	Test
	Wärmetauscher Berechnung	Test
Uni Rom	Tests mit dem V160 Stirling,	Test
→ mit Uni Tuscia	Getriebeberechnungen,	Test
→ und TU-Gdansk	Entwicklung Stirlingmotor,	Studie
	optimierte Wärmetauscher	Studie
Uni Saitama	Niedertemperatur Stirlingmaschine (4W, 150°C)	Test
Uni of Shanghai	Wandwärmestrahlung im Stirlingmotoren	Studie
Uni of Tokyo	Mikro-Stirlingmaschinen	Studie
Uni Tohoku G.	Entwicklung Stirling-Receiver, Sonnennachführung	Test
→ mit Tohoku Uni Sci.		
→ mit Nihon Uni		
→ mit Press Kogyo		
→ mit Electric Power		
Uni of Wisconsin	Druckpuffereffekte im Stirlingmotor	Studie
Uni Wien	Ventilgesteuerter Stirlingmotor	Studie
Uni of Wuhan	Bestimmung der Gastemperatur	Studie
Uni of Zagreb	Flachplatten Stm. und Vuilleumiermasch.,	Ziel
	Thermodyn. Berechn. von Vuilleumiermasch.,	Studie
	Vergleich versch. Prozesse mit dem Grenzprozeß,	Studie
	Untersuchungen zum Kompressionsverhältnis	Ziel
Uni of Zhejiang	Stirlingmotoren u. dessen Befeuerung auf dem Land,	Studie
	Biomassebefeuerung,	Studie
	Yoke Drive	Studie
U.S Naval Acad.	Leistungsgrenzen eines realen Stirlingkühlaggregates,	Studie
	Prozeßuntersuchungen endoreversibler Stirlingaggreg.	Studie
UTI	UTI-CS-1-79 (als BHKW mit 4 kW_{el})	Test
Uzbek Academy	Solar-Flüssigkolben-Stirling-Wasserpumpe	Test
Viebach, D. & S.	Simulationsprogramm,	Ziel
	Biomassefeuerung für ST 05 G	Test
Weber/Viebach	Solarversion ST 05 G	Ziel
	Biomasse-BHKW	Studie
	Cryo-Kältemaschine (100 - 1500 W bei 25-80K)	Studie
	Gas-BHKW 2 kW	Test
	Solar-Dish-System 2,5 kW	Test

Forschungseinrichtung / Entwickler	Forschungsgegenstand	Stand
Whisper Tech	Feldtest mit 20 Maschinen (800 W)	Ziel
	Feldtest in England 2002/2003	Test
	Entwicklung einer 3 kW-Maschine	Test
	WhisperGen als Stromerzeuger im PKW	Test

Studie → Es existiert eine Studie über dieses Thema
Test → befindet sich in der Testphase bzw. es wurden Tests absolviert
Ziel → Ziel bereits erreicht, Projekt abgeschlossen

7.4 Modellmotoren

Neben den oben genannten Anwendungsbeispielen und dem Beginn der Serienfertigung dürften zur Zeit die einzigen in größeren Stückzahlen hergestellten Stirlingmotoren Modellmotoren sein. Tabelle 12 nennt einige solcher Modell- und Lehrmotoren sowie Bauanleitungen. Die meisten davon sind im Handel erhältlich.

Abb. 127: Kufners KF 2-50. Photo: Kufner

Hersteller	Motorenart	Einsatz
AK Stirling	Kolin-Flachplattenmotor	Modellbauanleitung
M. Buchner	kinematische Maschinen	Messing-Modellmotoren
Böhm & Daum	kinematische Maschinen	Dekorationsmotoren
Classic Collections	kinematische Maschinen	Prüfungsmaterialversand
Elwe	Langsamläufer	Lehrmodell
Exergia	Solarstirling	Demonstrationsmodell
K. Kramer	kinematische Maschinen	Lehr-und Dekorationsmotoren
W. Kufner	versch. eigene Modelle	Lehr-und Dekorationsmotoren
Leybold-Heraeus		Physiklehrmodell
Moch	kinematische Maschine	Modellbauanleitung
Peter Olds	kinematische Maschinen	
Phywe	kinematische Maschinen	Lehr.- und Meßmodelle
Ravensburg	kinematische Maschine	Zimmerspringbrunnen
Reichelt		Modelle, Pläne
Rümo		Lehrmodelle, Pläne
Ruppel	offener Heißgasmotor	Lehr- und Demonstrationsmodelle
Sanden Corp.	Kurbelgetr. 1-Zyl.	Lehrmodell
Schager	Handwärme-Stirling, kleinster Stirling der Welt	Demonstrationsmodelle
Schlagenhauf	Reagenzglas-Stirling	Lehrmodell zum Selbstbau
E. Schmidt	Balken-Motoren, Zwei- und Einzylinder, Schnittmodelle und historische Motoren	Lehr-und Dekorationsmotoren
J. R. Senft	Handwärmemotoren	Lehr- und Demonstrationsmodelle, Bauanleitung
Solar Engines	kinematische Maschinen	Demonstrationsmodelle
D. Viebach	Getränkedosen-Stirling	Lehrmodell, läuft mit Handwärme
	Konservendosen-Stirling	Lehrmodell, läuft mit 1 Teelicht
	mit Generator für Kleinradio	Bauanleitungen erhältlich
	Freikolben-Stirling	Demonstrationsmodell
Wa-Tec	kinematische Maschine	Lehrmodell
Wiggers		Lehrmodelle, Pläne

Tabelle 12: Stirlingmaschinen als Dekorations- und Lehrmodelle sowie als Modellmotoren.

Es gibt noch sehr viele weitere Modell-Stirlingmotoren, die hier nicht gezeigt oder aufgeführt werden. Interessierte Modellbauer können Prospekte der Firma Schmidt in Oberursel anfordern, die außer verschiedenen Modellen auch Modellbauliteratur vertreibt. Im ökobuch Verlag ist eine Bauanleitung für die Lehrmodelle von D. Viebach erschienen.

Abb. 128: Stirlingmodellmotor von Kramer, Berlin.

Abb. 129:
Die Produktpalette an Handwärmemotoren von D. Schager, Offenbach. Sie laufen mit Handwärme, aber je nach Bauform auch mit Verdunstungskälte. Photo: Schager

Abb. 130:
Die Mikro-Handwärmemotoren (HWM) von Dieter Schager für Daumen- und Fingerbetrieb.
Photo: D. Schager

Abb. 131:
Kleinster Stirlingmotor der Welt, gebaut von Herrn Schager (Mikro-Beta-Ringbom-Stirlingmotor, Gesamtmasse ca. 0,775 g). Photo: D. Schager

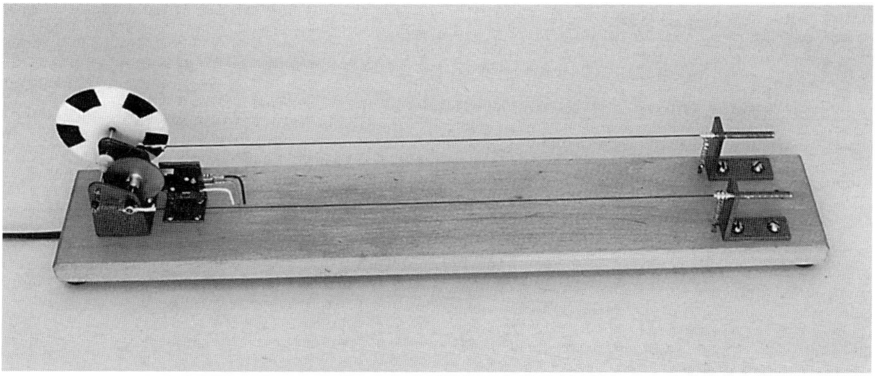

Abb. 132:
Der Festkörper-„Stirlingmotor". In diesem Fall ist das Arbeitsmedium weder Gas noch Flüssigkeit, sondern ein Festkörper (Draht), der periodisch erhitzt wird. Photo: Schager

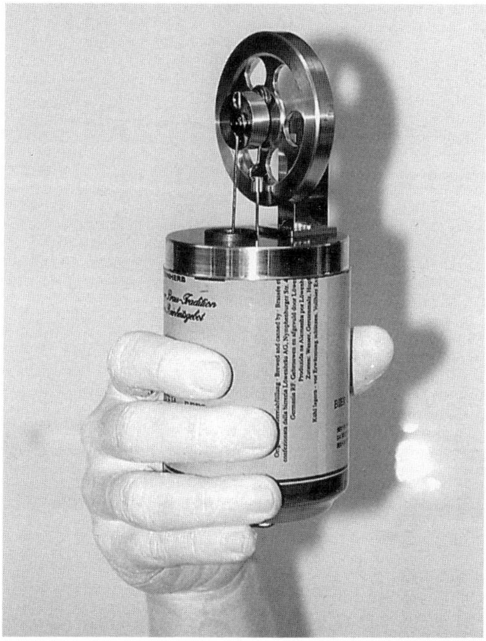

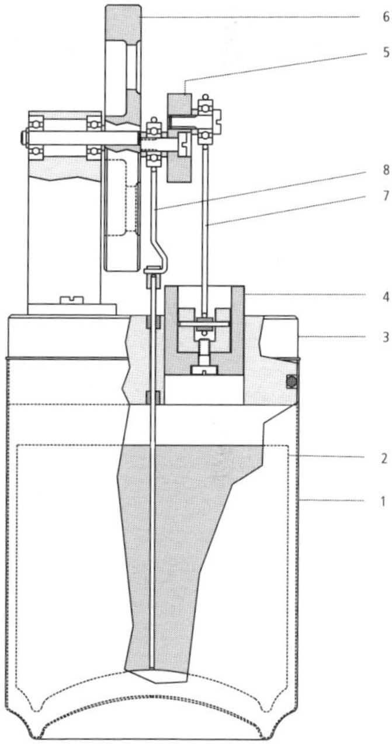

Abb. 133 *(oben)*: Getränkedosen-Stirling
Photo: D. Viebach

Abb. 134 *(rechts)*: Schnittbild durch den Getränkedosen-Stirling, der bereits mit Handwärme läuft.
Quelle: D. Viebach

1 - Verdrängerzylinder
2 - Verdrängerkolben
3 - Deckplatte 4 - Arbeitskolben
5 - Kurbelwange 6 - Schwungrad
7 - Arbeitskolbenpleuel
8 - Verdrängerkolbenpleuel

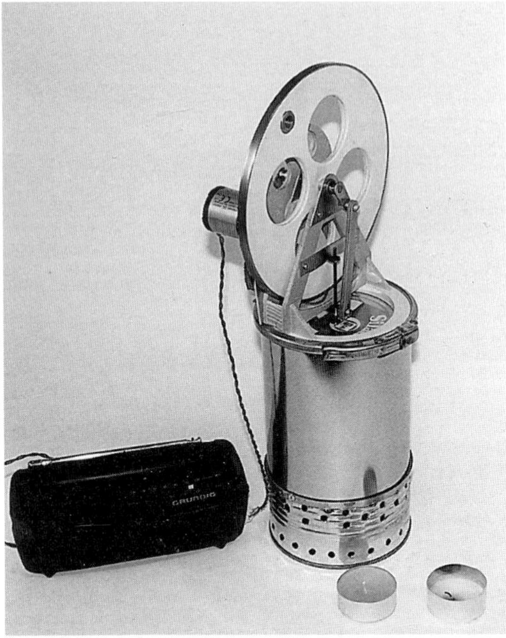

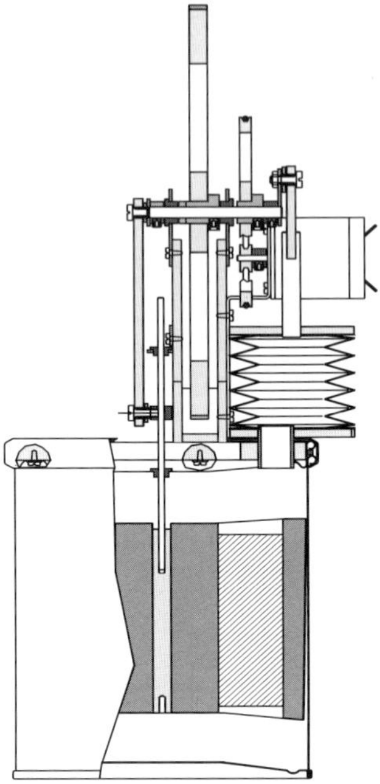

Abb. 135 *(oben links)*
Konservendosen-Stirling; ein Teelicht reicht aus, um genügend Strom für den Betrieb eines Transistorradios zu erzeugen.
Photo: D. Viebach

Abb. 136 *(oben rechts)*
Schnittbild durch den Konservendosen-Stirling.
Quelle: D. Viebach

Abb. 137 *(unten links)*
Konservendosen-Stirling in Freikolbenausführung von D. Viebach.
Photo: B. Scharl

8 Zusammenfassung

8.1 Einteilung der Stirlingmaschinen

Bei den Stirlingmaschinen sind überaus viele Konstruktionsvarianten möglich. Die Fülle der Möglichkeiten ist so groß, dass sie die konsequente Weiterentwicklung oft behindert hat. Man suchte nach immer neuen, immer besseren Bauarten und schenkte den Hauptproblemen nicht genügend Beachtung.
Die bisher bekanntgewordenen Vorschläge für eine Klassifizierung der Stirlingmaschinen befriedigen nicht, weil sie nicht umfassend genug sind und oft auch Widersprüche aufweisen. Andererseits macht die immer noch wachsende Zahl von Maschinen eine klare Einteilung fast zwingend erforderlich, zum einen, damit der Erfinder weiß, welche Bauart er gewählt hat und ob diese bereits bekannt ist, zum anderen, damit der Patentingenieur den Vorschlag einstufen kann, und damit die Ingenieure untereinander die gleiche Sprache sprechen.
Die vorliegende Klassifizierung der Stirlingmotoren ist nach eingehenden Studien entstanden, bei der alle wichtigen Vorschläge und Erfindungen, soweit sie verfügbar waren, Berücksichtigung fanden. Durch Bestimmung der jeweiligen Merkmale einer gegebenen Bauart kann man nun rasch ihre Einordnung vornehmen und Aussagen über sie machen. Es ist zu erwarten, dass einige der heute noch freien Felder in dem Schema im Laufe der Zeit gefüllt werden. Allerdings werden andere auch immer leer bleiben; es handelt sich dann um Bauarten, die sich nicht verwirklichen lassen.

In dem Ordnungssystem (Tab. 13 bzw. 14) sind die Stirlingmaschinen in vier Grundschemata unterteilt:

a) Maschinenbauart
b) Zylinderraumzuordnung
c) Art des Zusammenwirkens der Kolben
d) Kolbenart, Antriebs- und Getriebespezifikation

Diese Unterscheidungsmerkmale wurden in den Kapiteln 2 und 3 ausführlich behandelt.
Leider ist es nicht möglich, alle Spielarten der Stirlingmaschinen so darzustellen, dass sie in dieser Einteilung einen eigenen Platz finden. So sind zum Beispiel die Schwingkolben- den Umlaufkolbenmaschinen und die Flüssigkolben- den Freikolbenmaschinen zugeordnet.
Die Einzelheiten und die genaueren Unterschiede der in der Übersicht (Tabelle 14) aufgeführten Maschinen sind in den Datenblättern im Kapitel 9.4 aufgeführt.

Stirlingmaschinen			Hubkolbenmaschinen				
Kinematische Maschinen	Getriebe / Zylinderzuordnung		**Kurbeltriebwerk**	**Kurbel-Winkeltriebwerk**	**Rhombentriebwerk**	**Taumelscheibe**	**Schiefscheibe**
	α	einfach-wirkend	*STA520-25 Solo 161*	*Ross-Maschinen*			
	α	doppelt-wirkend	*Mod II P 40*			*DMC 3 Clucas*	*MT 79 STM 4-120*
	β	einfach-wirkend	*1-75, LS1-100, STB393*	*St5, 102C Kolin*	*1-96, 4-235*		
	β	doppelt-wirkend					
	γ	einfach-wirkend	*ST 05 G*	*Sunwell 100*			
	γ	doppelt-wirkend		*KF 2-100*			
Freikolbenmaschinen	Abtrieb / Zylinderzuordnung		**Membran**	**Generator**	**Kolben**	**Wärmetauscher**	**Membran + Generator**
	α	einfach-wirkend					
	α	doppelt-wirkend					
	β	einfach-wirkend		*300 W-SPSG (Sunpower)*	*Freizylinder (Sunpower)*		
	β	doppelt-wirkend				*Duplex (Sunpower)*	
	γ	einfach-wirkend					*Harwell TMG*
	γ	doppelt-wirkend					
Hybridmaschinen	Verdrängersteuerung / Zylinderzuordnung		**Freikolben**	**Membran**	**Elektromotor**	**elektrischer Impulsgeber**	**mechanischer Impulsgeber**
	α	einfach-wirkend					
	α	doppelt-wirkend					
	β	einfach-wirkend					
	β	doppelt-wirkend			*Sunpulse*	*Sunpulse*	
	γ	einfach-wirkend	*Senft*		*Nalsem 500 Mitsubishi*		
	γ	doppelt-wirkend					

Tabelle 13: Klassifizierung der Bauarten von Stirlingmaschinen.

Hubkolbenmaschinen				**Rotationskolbenmaschinen**		
Hydrostatisches Triebwerk	**Zahnradtriebwerk**		**Sonstige Antriebe**	**Drehkolben**	**Kreiskolben**	**Umlaufkolben**
						Ried
					Daimler	
	Ehrig (Boxer)		*Zettner*	*Labus Huber*		
Membran + Pumpe	**Wärmetauscher + Generator**	**Flüssigkolben Balken**	**Flüssigkolben Pumpe**			
		hard coupled	*Jet stream hard coupled*			
		rocking beam, soft coupled	*soft coupled*			
schwingende Luftsäule						
Budlinger						

Tabelle 13: Klassifizierung der Bauarten von Stirlingmaschinen.

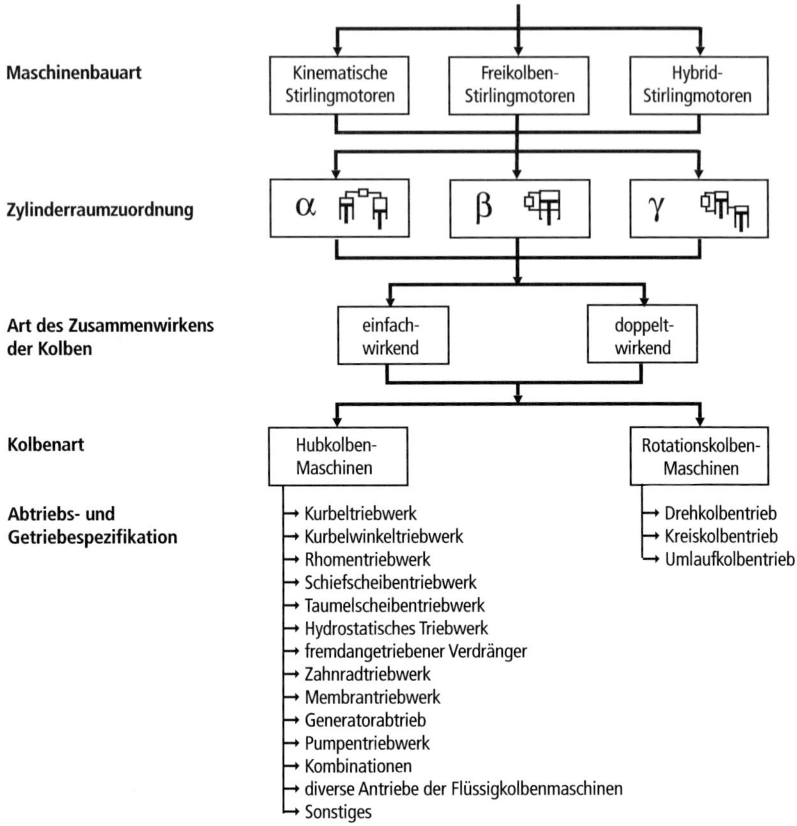

Tabelle 14: Die Kriterien zur Klassifizierung der Stirlingmaschinen.
Einzelheiten und die genaueren Unterschiede der in Tabelle 13 aufgeführten Maschinen sind aus den Datenblättern in Kapitel 9.4 ersichtlich.

8.2 Ergebnisse

- Die sehr große Arten- und Einsatzvielfalt der Stirlingmaschinen wirkt sich negativ auf deren Entwicklung aus. Aufgrund dieser Vielfalt können kaum generelle Aussagen über die Stirlingmaschine gemacht werden.
- Die Vorteile vieler Arten sind: Vielstoffähigkeit, äußere und kontinuierliche Verbrennung, Schwingungsarmut, relativ hoher Wirkungsgrad, Wartungsfreundlichkeit, Nutzung von Niedertemperaturwärme, geschlossenes System und Einsatzvielfalt.
- Die Nachteile vieler Arten sind: Dichtungsprobleme, zu hohes Gewicht, hoher Arbeitsdruck, große Wärmetauscher, hohe Anforderungen an das Material und geringer Bekanntheitsgrad.

- Die Einteilung der Stirlingmaschinen wurde mit Hilfe einer Tabelle vorgenommen. In diese wurden einige realisierte Motorkonstruktionen eingetragen, wobei die wichtigsten in Kapitel 9.4 detailliert beschrieben werden.
- Die technischen Probleme, die bei der Realisierung des Stirlingprozesses auftreten, können gelöst werden.
- Die wirtschaftliche und seriennahe Herstellung von Stirlingmotoren existierte bisher bei Modell-, Lehr- und Schaumotoren niedriger Leistung (<200 W).
- Mit Beginn der Produktion bei Solo Stirling im Jahr 2002 und bei Whisper Tech in Neuseeland werden die ersten Nutz-Motoren in Serie gebaut. Die Herstellung in größeren Stückzahlen ist absehbar und rückt in greifbare Nähe.
- Durch den Einsatz von Keramik bei den Gleitdichtungen und eventuell beim Erhitzer lassen sich der Wirkungsgrad und die Lebensdauer noch um einiges erhöhen.
- Im militärischen Bereich hat die Stirlingmaschine bereits ihren festen Platz.
- Das Know-how im Stirlingmaschinenbau ist inzwischen so hoch, dass Stirlingmotoren wirtschaftlich eingesetzt werden können.
- Eine Studie der Universität Essen, im Auftrag des BMBF erstellt, kam 1995 zu folgenden Schlussfolgerungen: Es kann nur ratsam sein,
  - die Förderung der Forschung und Entwicklung für Anwendungen in der Kältetechnik und bei Wärmepumpen zu verstärken; und
  - die Förderung bei der Markteinführung für den Einsatz als BHKW zu verstärken.
- In einer Stellungnahme des Verbandes der Industriellen Energie- und Kraftwirtschaft werden ebenfalls Handlungsempfehlungen genannt, z.B. Abbau des Informationsdefizits über die Stirlingmotorentechnik.
- Die Unternehmensberatung Frost & Sullivan sieht für Kleinst-Blockheizkraftwerke (bis 10 kW_{el}) einen großen Markt in Europa (Abb. 138). Ab dem Jahr 2010 sollen jährlich 500 000 Anlagen in Betrieb gehen.
- In der deutschen Biomasse-Verordnung wird der Stirling-Kreisprozess als eine Möglichkeit genannt, die zur Erzeugung von Strom aus Biomasse zugelassen ist.

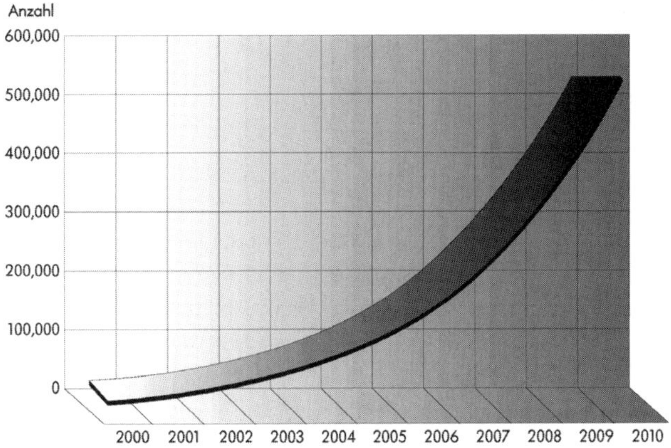

Abb. 138
Prognose des Absatzes von Mikro-Kraft-Wärme-Kopplung in Europa.
Grafik: ASUE

8.3 Erwartungen

Der Stirlingmotor ist ein Antriebsaggregat, das in den nächsten zehn Jahren einen großen Marktanteil erobern könnte. Hemmend wirken bis heute die mangelnde Bekanntheit dieser Maschinen, die Unwissenheit vieler Ingenieure und die daraus folgenden Vorurteile aus, die nur durch praxisnahen und erfolgreichen Einsatz von Serienmodellen gegenstandslos werden.

Aufgrund der Kältemittelproblematik sind neue Verfahren, wie z.B. Maschinen, die den linkslaufenden Stirlingkreisprozess mit Luft (oder einem anderen umweltfreundlichen Medium) realisieren, äußerst gefragt. Die FCKW-freie und leise Stirling-Kühlmaschine wird bereits als Serienprodukt angeboten, und es steht zu erwarten, dass sich ihr Marktanteil stark vergrößern wird.

Beim Einsatz von Vuilleumiermaschinen in kleineren Blockheizkraftwerken wäre für diesen Motortyp und die BHKW's ein kleiner Boom zu erwarten, wenn sich die Industrie dazu entschließen könnte, einen Schritt in die richtige Richtung zu tun, und diese Maschinen in ausreichender Zahl fertigt.

Ein von größeren Stirlingmotoren zu erschließender Markt wäre der Einsatz in Jachten und Booten, wo der ausschlaggebende Vorteil in der Laufruhe dieser Motoren liegt.

Auf jeden Fall gewinnen die Maschinen, die mit dem Stirlingprozess arbeiten, zunehmend an Bedeutung. Nicht wenige Firmen sind bereits an der Fertigung und dem Vertrieb von Stirlingmaschinen interessiert. Der Wettlauf der ersten Hersteller hat begonnen. Jetzt gilt es Kunden für diese Technologie zu gewinnen. Der allgemeine Wertewandel und die ausgereifte Stirlingtechnik ergänzen sich im Hinblick auf eine nachhaltige Wirtschaftsweise zugunsten zukünftiger Generationen.

9 Anhang

9.1 Kürzelverzeichnis der Hersteller und Forschungseinrichtungen

Kürzel der Hersteller und Forschungseinrichtungen (Uni = Universität):

ACL: Air Cond. Lab.; Matsushita El. Ind. Co., (Panasonic); Kusatsu; Japan
Aisin Seiki: Aisin Seiki Co., Ltd.; (T.Kaminishizono);Kariya-shi; Aichi; Japan
AMRI: Agricult. Mech. Res. Inst. for South. Mount. Districts of China
ASME: ASME Stirling Engines Technical Comittee; (J. Corey); Melrose; NY.; USA
Berks.: Department of Engineering, University of Reading, Berks. United Kingdom
Brenk: Brenk Systemplanung; Aachen; Deutschland
BSR Solar: BSR Solar Technologies, Lörrach; Deutschland
Budliger: J.P.Budliger; Telmeco S.A.; Genf; Schweiz
Carlsen: TU of Denmark; Lyngby; Denmark
Clucas: D.M. Clucas; Uni of Canterbury; New Zealand
Creare Inc: Creare Inc.; Shimko, Stacy; Hanover; New Hampshire; USA
CTN: Centre de Technologies Nouvelles; Genf; Schweiz
DMA: Dipartmento Meccanica Aeronautica; (Maurizio Carlini); Roma; Italy
DLR: Deutsches Zentrum für Luft- und Raumfahrt; Stuttgart; Deutschland
ECOS: ECOS; P. Beck; Osnabrück; Deutschland
Eder: F.X. Eder; München; Deutschland
EL: Electrotechnical Laboratory;(Kawada, Kudo); Tsukuba; Ibaragi; Japan
Enatec: Enatec micro-cogen B.V.; Niederlande
ENERGO Ltd: Energo Ltd.; Sci.&Tech. Center; (Gonnov, Loktionov); Obninsk Kaluga; Rußland
Energy & Resources: Energy & Resources Lab.; (Shieh, Hu, Lee); Hsinchu; Taiwan
EP: Electric Power Co.; (M.Ohtomo); Aoba-ku; Sendai; Japan
ESD Engines Ltd: ESD Engines Ltd.; (R.F.Kinnersly); UK
Fette: Dipl.-Ing. P. Fette; Walzbachtal; Deutschland
FH München, FB Maschinenbau u. FB Versorgungstechnik; München; Deutschland
FH Reutlingen, FB Maschinenbau; Reutlingen; Deutschland
Finkelstein; Beverly Hills; California; USA
GE: General Electric Co.; (Bessler); Schenectady; New York; USA
Glenn Research Center (NASA); Salby, Shaltens; Cleveland; Ohio; USA
GoldStar Co.Ltd.; Liv. Syst. Lab; (Shin, Cho, Chang, Chung); Guro-Gu; Seul; Korea
Gros: Jaime Gros; Zaragoza; Spain
HCR/CDER: HCR/CDER; Route de l'Observatoire BP; (N. Said); Algier; Algeria
Hok. Coll.: Hokkaido Politec. College; (K.Hamaguchi); Otaru-shi; Hokkaido; Japan
HTA Luzern: Hochschule für Technik und Architektur, Luzern, Schweiz; www.hta.fhz.ch/hlk
ICPIAF-SA: Cryogenics Lab.; (Deac); Cluj-Napoca; Rumänien
Institut Dresden: Institut für Luft- und Kältetechnik, FB Kryotechnik; Dresden; Deutschland

IPPE: Institute of Physics and Power Engineering (IPPE); State Scientific Center of Russia
ISE Freiburg: Fraunhofer-Institut für Solare Energie-Systeme; Freiburg; Deutschland
ISET: Institut für Solare Energieversorgungstechnik; Hanau, Deutschland
Israel Elec. Corp: Israel Electric Corp. Ltd.; (L.M.Shnaid); Hafia; Israel
Joanneum: Joanneum Research, Institute of Energy Research, E. Podesser; Graz; Österreich
Katayase: Katayase Industry Co., Ltd.; (S. Katayose); Itabashi; Tokyo; Japan
Kawasaki: Kawasaki Heavy Industries Ltd.; (Y. Nakamura); Kobe; Hyogo; Japan
Kramer: Klaus Kramer; Berlin; Deutschland
Kufner: Kufner; Hergensweiler; Deutschland
Lab. d' Enérgetique: Lab. d' Enérgetique, EMN-Isitem; Nantes; France
Langenbruck: Center for Appropriate Technology and Social Ecology; C. Gaegauf; T. Schmidt; Langenbruck; Schweiz
Lithuanian Energy Institute; (Aleksandravichius); Kaunas; Litauen
Los Alamos Lab.; G.W. Swift; New Mexico; USA
Lund Inst. of Technology; Dept. of Heat and Power Eng.; Schweden
Magnet: Magnet Motor GmbH; Starnberg; Deutschland
Matsushita Electric Industrial Co., Ltd; (K. Inoda); Moriguchi; Osaka; Japan
Mayer & Cie: Mayer & Cie, Abt. M-BHKW, Albstadt, Deutschland
MDE: Shanghai Marine Diesel Engine Research Institute; China
MEL: Mechanical Engineering Laboratory; Y. Yamada; Tsukuba; Ibaraki; Japan
MicroGen: MicroGen, BG Group, Reading, UK
MITI: Agency of Industrial Science and Tech.; A. Tanaka; Ibaraki-ken; Japan
Mitsubishi Electric Co., Mori, Fujiyama; Central Research Lab.; Hyogo; Japan
MLI: Mechanical Engineering Laboratory; MITI; Japan
Moch: Uwe Moch, Stirlingmotorenbau; Hannover; Deutschland
Moscow SAI: Moscow State Aviation Institute; Moscow; Russia
MT Inc.: Mechanical Technology Inc.; (siehe Mr. Nightingale); Latham; N. Y.; USA
MTI: Mech. Tech. Inc.; (Goldwater, Mechaner, Upham); Latham; New York; USA
Na, Mi: National Aerospace und Mitsubishi; Japan
Nat. Def. Acad.: National Defence Academy; (N.Kagawa); Yokosuka; Japan
National Aerosp.: National Aerospace Laboratory; (K. Eguchi); Chofu; Tokyo; Japan
New Energy Dev. Org.: New Energy Development Organization; (Y. Sakai); Tokyo; Japan
Ni, TG, TE: Nihon Uni; Koriyama; 963 Japan / Tohoku Gakuin Uni, Tagajo, 985 Japan / Tohoku Electric Power Co. Inc., Sendai, 980 Japan
Nipon Piston Ring: Nipon Piston Ring Co., Ltd.; Yono Saitama; Japan
NKA: Naomasa Nakajima; UNI-Tokyo / Hirotaka Kohno; Mitsui Engineering and Shipbuilding / Akihiko Azetsu, Mechanical Engineering Laboratories
NMC: New Machine Company in Kirkland, Washington, USA
Oak Ridge National Laboratory; (C. D. West); Oak Ridge; Tennessee; USA
Obninsk INPE: Obninsk Institute of Nuclear Power Engineering; Russia
Olds: Peter Olds; Australia
Osaka El. Uni. AC: Osaka Electro-Communication Uni.; Osaka; Japan
Osaka Gas Co. Ltd.; H. Hisaki, H. Kawamoto; Japan
Press Kogyo; Engineering Dep.; Y. Nagai; Fujisawa; Kanagawa; Japan
PTB Braunschweig: Physikalisch-Techn. Bundesanstalt, Braunschweig; Prof. Kose; Deutschl.
Queens College: Queens' College; Cambridge, UK

R., F.: G. de Rossi, Rom / A. Fiasco, Uni Rom
RHB: G.T. Reader, P. J. Horsted, C. Barnes
Riken Ltd: Riken Co. Ltd.; (S. Ono); Kashiwazaki; Niigata; Japan
Rix: D.H. Rix; Cambridge Uni, UK
Royal Naval Eng. Coll.: Royal Naval Engineering College; Reader, Barnes, Roston; Plymouth; UK
RWTH Aachen, Lehrgebiet für Energie- und Stofftransport; Deutschland
Saarbergwerke; Sulzbach; Deutschland
SAI: Stirling Associates International, (Finkelstein); Beverly Hills; USA
Sanden Co.: Sanden Corp.; (Hashimoto, Sato); Isesaki; Gunma; Japan
Sandia Nat. Lab.: Sandia National Laboratories; Albuquerque; USA
Sanyo Elektric Co., Ltd.; Gunma; Japan
Schager; Offenbach a/M; Deutschland
Schlaich: Schlaich, Bergermann und Partner; Stuttgart; Deutschland
Schmidt: Ellen Schmidt; Oberursel; Deutschland
Shanghai M.D.E.R.I.: Shanghai Marine Diesel Engine Research Institute; China
Ship Res. Inst.: Ship Research Institute; (S. Tsukahara); Shinkawa; Mitaka; Tokyo; Japan
Sigma: Sigma Elektroteknisk A.S.; Holen; Norway
Société Eca; (S. G. Carlqvist †); Meudon; Cedex; France
Solar Engines; Phoenix; Arizona; USA
SOLO: SOLO Kleinmotoren GmbH; (Baumüller); Sindelfingen; Deutschland
SPS: Stirling Power Systems; Ann Arbor; Michigan; USA
Ständer: Dr. Wolfgang Ständer, Technologie-Institut; München; Deutschland
STC: Stirling Techn. Comp.; (Ross, White); Richland; Washington; USA
STI: Stirling Technology Inc., Ohio, USA
Stirling Cryonetics: Stirling Cryonetics & Refrigeration B.V.; (Lange); Niederlande
STM: Stirling Thermal Motors; Ann Arbor; Michigan; USA
Sunmachine: Eckhart Weber, Stefan Viebach; Nürnberg; Deutschland
Sunpower: Sunpower Inc.; (Beale, Berchowitz); Athens; Ohio; USA
TB Kocsisek: Technisches Büro Kocsisek, Stirling-Engineering, Haslau, Österreich
TEM: TEM-Malmö Research Center; Malmö; Schweden
Tohoku EP: Tohoku Electric Power Co. Inc.; (M.Ohtomo); Sendai; Japan
Tokyo Inst. of Techn.: Tokyo Institute of Technology; (Prof. Emeritus); Tokyo; Japan
Toshiba Co., C. P. E. L.: Toshiba Co., Consumer Produkts Engeneering Laboratory; Yokohama; Japan
USS: United Stirling Schweden (Malmö)
UTI: UTI Holding & Management AG; Ostfildern; Deutschland
Viebach: Dieter und Stefan Viebach, Entwicklungsbüro; Kolbermoor; Deutschland
Ward: Er fuhr Tests an der Uni von Bath
Whisper Tech (D. Clucas); Christchurch; New Zealand
WS: WS Wärmeprozeßtechnik (Wünning); Renningen; Deutschland
Wuhan: Institute of Water Trans. Eng. Wuhan, China

Universitäten:
Shandong Polyt. Uni: Shandong Polytechnic Uni; (L. Yuanrong); Jinan; China
TU Berlin; (Cluse, Deist, Fink, Gemmern, Lühr, Peters, Schneider); Berlin; Deutschland

TU Dresden, Institut für Energietechnik; Deutschland
TU-Gdansk: TU of Gdansk; (M. Cichy, Kormanski, Ruzinska); Polen
TU-Kaunas: TU of Kaunas; Lithuania
TU-Kosice: TU of Kosice; Slovenia
TU München; (J. Blumenberg); München; Deutschland
TU of Denmark; Lab. for Energetics; (H.Carlsen); Lyngby; Dänemark
TU of Szczecin; (S. Zmudzki, L. Bartozak); Szczecin; Polen
Uni Ancona: Università di Ancona, Dipartimento di Energetica (C. Bartolini); Italy
Uni BW München: Uni der Bundeswehr München, BauV 6.1; Deutschland
Uni della Tuscia; (M.Carlini); Viterbo, Italy
Uni Gazi; Mechanical Enineering Department; (Ataer); Ankara; Türkei
Uni GHS Essen, Inst. für Angewandte Thermodyn. und Klimatechnik FB 12; Deutschland
Uni Giessen, Inst. of Applied Physics; Deutschland
Uni Hannover; Inst. für Strömungsmaschinen; (Prof. Riesz, Lange); Deutschland
Uni Kokushikan: Kokushikan University; Tokyo; Japan
Uni La Sapienza: Università La Sapienza; Roma; Italy
Uni Nihon: Nihon University; Tokyo; Japan
Uni Rom: Università degli Studi di Roma; (P. Lista, V. Naso, A.Sciaboni, R.I.A.); Italy
Uni Saitama; Dept. of Mech. Eng.; Urawa; Japan
Uni Seoul: Seoul National University; Korea
Uni Tohoku: Tohoku Uni Scienific; (Y.Shibata); Senday; Japan
Uni Tohoku Gakuin: Tohoku Gakuin Uni Engineering; (K. Shishido, S.Kikuchi); Tagajo; Japan
Uni Tokyo Metrop.: Tokyo Metropolitan University; Japan
Uni Trondheim: Uni of Science and Technology; Trondheim; Norway
Uni Waseda: Waseda University; Tokyo; Japan
Uni Wien; Inst. f. Festkörperphysik (H.P.Aubauer); Wien; Österreich
Uni of Cairo: Ain Shams University; Cairo; Egypt
Uni of Calgary; (G. Walker, Kentfield, Fauvel, Reader); Calgary; Alberta; Canada
Uni of California: California State Polytechnic University: Pomona; California; USA
Uni of Cambridge; (D. H. Rix); UK
Uni of Cambridge ED; (A. J. Organ); Engineering Dept.; UK
Uni of Canterbury; (J.K. Raine, M. Gschwendtner, D. Haywood); Christchurch; New Zealand
Uni of Denki; Tokyo; Japan
Uni of Dortmund; (Kühl, Schulz); Inst. of Thermodyn.; Dortmund; Deutschland
Uni of Edinburgh; UK
Uni of Eindhoven: Uni of Eindhoven of Technology; (Vries, Sarlemijn); Eindhoven; Niederlande
Uni of Gakuin; Japan
Uni of Genoa; (Benvenuto, Farina); Italy
Uni of Hanyang Seoul: Uni of Hanyang; Seoul; Korea
Uni of Hunan; (Yanwei, Hong-Shuo, Biao, Gong); Changsha; Hunan; China
Uni of L' Aquila; Italy
Uni of Leeds; UK
Uni of Lund; (C. Schroeder, L. A. Clementz); The TEM Foundation at Lund Uni; Schweden
Uni of Meiji: Dep. Prec. Eng.; (Tsuchiya, Uchida, Makino); Tama-ku; Kawasaki; Japan
Uni of New South Wales: Uni of New South Wales, Australia
Uni of Nihon; (N. Isshiki, H.Watanabe); Kooriyama; Fukushima; Japan

Uni of Oviedo; Dep. of Physics; (Prieto, González); Spain
Uni of Quindao: Ocean University of Quindao; Quindao; China
Uni of Reading; Dep. of Eng.; (Rice, Hennes); Whiteknights; Reading; UK
Uni of Shanghai: Uni of Shanghai Jiatong; (J. Wang); Shanghai; China
Uni of Shinsyu; (H. Tamaki); Wakasato; Nagano; Japan
Uni of Techn. Xian: Uni of Technology; Xían; China
Uni of Tokyo; (N. Nakajima); Bunkyo-ku; Tokyo; Japan
Uni of Wisconsin; (J. R. Senft); River Falls; Wisconsin; USA
Uni of Witwatersrand; Johannesburg; South Africa
Uni of Wuhan; Uni of Water Transportation Engineering; (Y. Jun); Wuhan; China
Uni of Zagreb; (Ivo Kolin); Croatia
Uni of Zhejiang; (L. Shixian, Y. Zhenfou, Liu); Hangzhou; China
U.S. Naval Acad.: U.S. Naval Academy; Dep. of Mech. Eng.; Annapolis; MD; USA
Uzbek Academy: Uzbek Academy of Science; Usbekistan

Da in diesem Buch nur der geschlossene Stirling-Zyklus behandelt wird, sei an dieser Stelle erwähnt, dass auch Entwicklungen im Gange sind, die mit einem offenen Zyklus arbeiten.

9.2 Verwendete Literatur

(Nach dem Erscheinungsjahr geordnet)

[1] Gregory Flynn, Worth H. Percival, F. Earl Heffner: GMR Stirling Thermal Engine - part of - The Stirling Engine Story - 1960. SAE Annual Meeting, Detroit, MI, USA, ; 11.-15. Jan.1960

[2] Ing. Joachim Weinhold, Hamburg: Der Philips-Heißluftmotor. MTZ Jahrg. 24, Heft 12, Dezember 1963, S. 447

[3] Dr. Ir. R. J. Meijer: Der Philips-Stirlingmotor. MTZ Jahrg. 29, Heft 7, 1968, S. 284

[4] Dr.-Ing. F. Zacharias, MAN, Augsburg: Betrachtungen zum äußeren Verbrennungssystem des Stirling-Heißgasmotors. MTZ Jahrg. 32, Heft 1, Januar 1971

[5] G. Walker: Stirling Engines - the Second Coming?. 54 CME April 1972

[6] Dr.-Ing. P. Kuhlmann, Augsburg: Das Kennfeld des Stirlingmotors. MTZ Jahrg. 34, Heft 5, Mai 1973, S. 135

[7] G. Walker: Stirling-cycle machines., Oxford University Press 1973

[8] Vortrag 28, C. B. S. Alm, S. G. Carlqvist, P Kuhlmann, K. H. Silverqvist, F. Zacharias: Umwelteigenschaften von Stirlingmotoren und ihr Entwicklungsstand in Deutschland und Schweden. MTZ Jahrg. 34, Heft 8, 1973, S. 264

[9] Norman D. Postma (Ford): The Stirling Engine for Passenger Car Application. Fleet Week 73 ; SAE-Meeting Chicago 18-22 Juni 1973; 730648

[10] P. Kuhlmann: Stirlingmotor als Fahrzeugantrieb. MTZ Jahrg. 35, Heft 10, 1974, S. 331

[11] R. J. Meijer, C. L. Spigt: Der Philips-Stirling-Motor und seine Anwendung. F.A. Zacharias: Fortgeschrittene Entwicklung an Stirling-Motoren bei MWM. MTZ Jahrg. 36, Heft 6, 1975, S. 185

[12] A. Pfleghaar, MAN: Entwicklungsstand und Aussichten des Stirlingmotors. MTZ Jahrg. 37, Heft 3, 1976, S. 74

[13] F. Zacharias, MAN: Weiterentwicklungen am Stirlingmotor - Teil 1. MTZ Jahrg. 38, Heft 9, 1977, S. 371

[14] F. Zacharias, MAN: Weiterentwicklungen am Stirlingmotor - Teil 2. MTZ Jahrg. 38, Heft 12, 1977, S. 569

[15] Ates Özge: Untersuchungen der Verbesserungsmöglichkeiten zum Regeneratorwirkungsgrad im Stirlingmotor. MTZ Jahrg. 41, Heft 3, 1980, S. 103

[16] G. Walker: Stirling Engines. Clarendon Press Oxford 1980 (zu empfehlendes Buch; Standardwerk)

[17] Christoph Müller: Der Stirlingmotor für den dezentralen stationären Einsatz. (Diplomarbeit an der FH München WS 1980/81; SS 81)

[18] D. G. Beremand, D. G. Evans, D. L. Alger (NASA) Lewis Research Center: Applicability of Advanced Automotive Heat Engines to Solar Thermal Power. DOE/ NASA/1060-4, NASA TM-81658 prep. for SAE Int.Eng.Congr., Detroit, MI, 23-27 Feb.1981

[19] D.G.Beremand, J.D.Salby, R. C. Nussle, D. Miao, (Lewis Research Center) Free-Piston Stirling Hydraulic Engine and Drive System for Automobiles. NASA Technical Memorandum 82992, November 1982

[20] C. D. West, Ph. D.: Liquid Piston Stirling Engines. Van Nostrand Reinhold Company Inc. 1983 (Dieses Buch ist vergriffen. Es kann beim AK Stirlingmotor München eingesehen werden.)

[21] Tim Lohrmann: Der Stirlingmotor. (Ingenieurarbeit an der Technischen FH Berlin, März bis Dez. 1983).

[22] Walter Arn: Ein Projekt aus dem Werkunterricht.. (1983)

[23] G.T. Reader, C. Hooper: Stirling Engines. E.& F.N. Spon, USA; University Press, Cambridge, GB; 1983

[24] Forschungsbericht MAN: Stand der Stirlingmotorenentwicklung. 1984, (BMFT-FB-T 84-196)

[25] Israel Urieli, David M. Berchowitz: Stirling Cycle Engine Analysis. Adam Hilger LTD, Bristol 1984

[26] Proceedings of the 20th Intersociety Energy Conversion Engeneering Conference. SAE P-164, pub: August 1984 von SAE Inc., 400 Commonwealth Drive, Warendale, PA 15096, USA

[27] Noel P. Nightingale: Hearings on DOE Transportation Programs. Veröffentlicht von Mechanical Technology Inc. (27.2.85)

[28] James G. Rizzo: Modelling Stirling and Hot Air Engines. Patrick Stephens, Wellingborough 1985

[29] G. Walker, J. R. Senft: Free Piston Stirling Engines. Springer-Verlag Berlin, 1985

[30] Ghassan Hadj Obid: Möglichkeiten zur direkten Nutzung der Sonnenenergie in Entwicklungsländern. VDI-Fortschritt-Bericht Reihe 6 Nr.166; VDI-Verlag 1985

[31] Spektrum der Wissenschaft: Experiment des Monats. (Juli .85)

[32] L. Johansson, J. Agno, W. H. Percival: The Advanced Gas-Fired Stirling Engine as a Heat Pump Drive. SAE Technical Paper 860881, Marine Prolution Technology Conference Washington, D.C. 12.-14. 5. 1986

[33] Verschiedene Auszüge von: 3rd International Stirling Energy Conference. (2 Bücher, 874 Seiten) Rom 25-27 Juni 1986

[34] Prof. Dr.-Ing. Manfred Künzel: Stirlingmotor der Zukunft. VDI-Fortschritt-Bericht Reihe 6 Nr. 193; VDI Verlag 1986.
[35] N. P. Nightingale (MTI): Automotive Stirling Engine, Mod II Design Report. DOE/NASA/ 0032-28, NASA CR-175106, MTI86ASE58SR1, prep. for NASA, Lew. Res. Center Okt. 1986
[36] W. Bitterlich, G. H. Obid: Wirklichkeitsnahes Berechnungsmodell für den doppeltwirkenden Stirlingmotor. MTZ Jahrg. 47, Heft 12, 1986, S. 515
[37] J.G.Salby (NASA) Lewis Research Center: Overview of Free-Piston Stirling Engine Technology for Space Power Application. DOE/NASA/1005-12, NASA TM-88886 prep. for Solar Energy Conference Hawaii 22-27 März 1987
[38] Günter Cerbe / H.J. Hoffmann: Einführung in die Wärmelehre. 8.Auflage, Carl Hanser Verlag, München, Wien; 1987
[39] Robert Sier: A History of Hot Air and Caloric Engines. Argus Books Ltd., GB, 1987
[40] Hardy Lechelt-Liebgott: Der Stirlingmotor. (Diplomarbeit an der FH München, SS 87)
[41] Roger A. Farrell: Mod II Stirling Engine Overview. SAE-Paper 880539; Int.Congress Detroit, MI, März 88
[42] Christoph Tretter: Konzeption einer 50 kW Wärmemaschine nach dem Vuilleumier-Prinzip. (Diplomarbeit an der TU-München Lehrstuhl für Thermodynamik, Betreuer: Dr. Ing. J. Blumenberg; Mai 1988)
[43] A. E. Richey und M.Connelly: Upgraded Mod I Stirling Engine Field Evaluation Program. Mechanical Technology Incorporated paper MTI P355 (Mitte 1988)
[44] Dipl. Phys. W. Schiel, Stuttgart: Dish/Stirling Systeme - Technische Auslegung, Betriebserfahrung und Entwicklungspotential. VDI Berichte Nr. 704, 1988 S.117-144
[45] Brad Ross: Stirling Machines - From Potential To Practically. Mechanical Engineering Juni 1988
[46] Werner Fies: Analyse eines kinematischen Stirlingmotors für eine solardynamische Energieversorgungsanlage. (Diplomarbeit an der TU-München, Lehrstuhl für Thermodynamik, Betreuer: Dr. Ing. J. Blumenberg, Juni 1988)
[47] Walter Kufner: Stirlingmaschinen einfacher Bauart. (September 1988) Bestelladresse: Dipl.-Ing.(FH) Kufner; Alpsteinstr.6; 88138 Hergensweiler
[48] Ch.Zweifel: Stirlingmotoren - Stand der Technik und Zukunftsaussichten. Bericht 88/5 der ETH - Zürich. (1. Okt. 1988)
[49] H.Hörler: Stirlingmotoren für Wärme-Kraft-Kopplung - ein thermodynamischer Vergleich. Bericht IET/VM 88/6 der ETH-Zürich vom 26.Okt.1988
[50] Novy, Lauer, Spitzer, Stanzel: Kraft-Wärme-Kopplung mit Holz über den Stirlingprozeß im Vergleich zum Dampf- und Vergasungsprozeß. Projekt bei der Forschungsgesellschaft Joanneum, Inst. f. Energieforschung, A-8010 Graz, Österreich (Oktober 1988)
[51] Proceedings of the 4th International Conference on Stirling Engines. Tokyo, Japan (7.-10.11.1988)
[52] R.E. Holtz, K.L. Uherka: A Study of the Reability of Stirling Engines for Distributed Receiver Systems. Prepared by Sandia National Lab. Albuquerque, New Mexico for the US Dep. of Energy; SAND 88-7028 (Printed Nov. 1988)
[53] Martin Werdich: Die Stirlingmaschine. Vortrag im Rahmen des KFZ-Seminars an der FH-Ravensburg-Weingarten. (WS 88/89)
[54] Theodor Vieweg: Heißluft-Motoren. Neckar-Verlag GmbH 1989
[55] Unterlagen der Firma Bomin-Solar GmbH & CO KG in Lörrach (Stand März 1989)

[56] H. Carlsen: Development of a Gas Fired Vuilleumier Heat Pump For Residential Heating. Informationsschrift der TU of Denmark (Juli 1989)
[57] Unterlagen der Firma B.V. Stirling Motors Europe, Niederlande (Stand Okt. 1989)
[58] Unterlagen der Firma Ford Motor Company (Stand Okt. 1989)
[59] Rundbrief der Stirlingfreunde: Stirling Aktuell. (Ausgabe 15.Okt.1989)
[60] Anton Müller: Experimentelle und theoretische Untersuchung einer Vuilleumier Wärmepumpe / Kältemaschine. (Diplomarbeit an der TU-München, Lehrstuhl C für Thermodynamik, Betreuer: Dr.-Ing. J. Blumenberg, Okt. 1989)
[61] Unterlagen der Firma Sunpower Inc., Athens, Ohio, USA (Stand Nov. 1989)
[62] H. Carlsen, N.E. Andersen: Simulation Model For The Design of Vuilleumier Machines. Paper submittet for the ASME winter annual meeting Dec. 1989 in San Francisco
[63] Unterlagen der Firma Stirling Thermal Motors Inc., Michigan, USA (Stand Dez. 1989)
[64] Walter Kufner: Stirlingmaschinen einfacher Bauart. Selbstverlag, Jan. 1990 (Neuauflage) (DM 20.-)
[65] Vorlesungsmitschriften Thermodynamik I und II der FH-Ravensburg-Weingarten (Stand 1990)
[66] DKV - Aktuell (März 1990)
[67] Th. Vieweg: Heißluft-Motoren II Schiffsmodell-Antriebe. Neckar-Verlag GmbH 1990
[68] Ivo Kolin: Stirling Motor; History-Theory-Practice. Zagreb University Publications 1991
[69] Teilübersetzung des Buches „Stirling Motor; History-Theory-Practice" von Ivo Kolin von Dr. C. Förster. „Die Entwicklung des Heißluftmotors" erhältlich bei E. Schmidt in Oberursel (1991)
[70] Theodor Vieweg: Heißluft-Motoren I. 2. überarbeitete und erweiterte Auflage Neckar-Verlag GmbH 1991
[71] Begleitheft der Stirlingmotorenausstellung in Oberursel (1.12.90-27.3.91)
[72] Proceedings of the 5th International Conference on Stirling Engines (ISEC). Dubrovnik, Croatia (8.-10.Mai.1991)
[73] Ch. Gaegauf: Schlußbericht Holzschnitzel gefeuerter Stirlingmotor. Ökozentrum Langenbruck, CH-4438-Langenbruck. Aug. 1991 (Fr. 15.-)
[74] Tagungsband des Europäischen Stirling Forums 1992 in Osnabrück veranstaltet von ECOS GmbH (17.-19.März 1992)
[75] Proceedings of the 6th International Conference on Stirling Engines (ISEC). Eindhoven, Netherlands (26.-28.Mai.1993)
[76] BINE Projekt Info-Service, vom Fachinformationszentrum Karlsruhe, Nr.17/Dezember 1993
[77] J. R. Senft, Ringbom Sterling Engines, Oxford Uni Press, New York, 1993
[78] Unterlagen von Walter Kufner, Hergensweiler (Stand 1994)
[79] G. Eith, AK Stirlingmotor München: „Physikalische Richtlinien zum Bau eines Stirlingmotormodells und Hinweise zur Messung der wichtigsten Kennwerte" Eigenverlag AK Stirlingmotor München, 1997
[80] F. Schmelz: „Die Leistungsformel des Stirlingmotors" ISBN 3-928671-07-3 Poligon-Verlag Buxheim Eichstätt 1994
[81] Krauch et alt. Forschungsprojekt Kraft-Wärme-Kopplung mit Stirlingmaschine, Abschlußbericht der Universität Kassel, Juni 1994, gefördert vom BMBF
[82] Tagungsband des Europäischen Stirling Forums 1994 in Osnabrück veranstaltet von ECOS GmbH, (22. - 24. März 1994)

[83] Proceedings of the 7th International Conference on Stirling Cycle Machines (ICSC). Tokyo, Japan (26. - 28. Mai 1995)

[84] Tagungsband des Europäischen Stirling Forums, 1996 in Osnabrück veranstaltet von ECOS GmbH (26. - 28. Februar 1996)

[85] J. R. Senft, Developement of a Student Stirling Engine, June 1996

[86] J. R. Senft, An Introduction to Low Temperature Differential Stirling Engines, Moriya Press, 1996, ISBN 0-9652455-1-9

[87] Steimle (Hrsg.), Stirling-Maschinen-Technik - Grundlagen, Konzepte und Chancen, C .F. Müller Verlag, 1996, ISBN 3-7880-7583-X (basierend auf der Studie über den Stand der Stirling-Maschinen-Technik im Auftrag des BMBF (Förderkennzeichen: 0326974)

[88] S. Viebach, Simulation und Entwicklung eines Stirlingmotors für Kleinstblockheizkraftwerke, Fachhochschule München, FB 06, Feinwerktechnik, Diplomarbeit 1996

[89] S. Viebach, Simulation zur Auslegung von Stirlingmotoren, Kolbermoor, 1996 (läuft unter MathCad)

[90] Hannes Held, Test einer solarbetriebenen Stirlingpumpe und seine Auswertung, Fachhochschule München, FB 05, Versorgungstechnik, Diplomarbeit 1996

[91] Niedertemperatur-Stirlingmotoren - Entwicklung von solaren Wärme-Kraft-Maschinen, in Sonnenenergie 1/97, S.13 ff

[92] Proceedings of the 8th International Conference on Stirling Engines (ISEC). Ancona, Italien (26.-28. Mai 1997)

[93] J. R. Senft, An Introduction to Stirling Engines, Moriya Press 1997, ISBN 0-9652455-0-0

[94] S.P.R.Y, Development and Test of a Stirling Pumping Unit Utilizing Renewable Energy, Final Report 1997, Contract JOU2-CT94-0456, Uni. der Bundeswehr München BauV6.1, Institut für Wasserwesen (Abt. Reg. Energien)

[95] Prospekt der Fa. Sigma Elektroteknisk A.S., Norwegen, 1997

[96] Prospekt der Fa. Whisper Tech Ltd., Neuseeland, 1997

[97] G. Hilscher, Energie für das 3. Jahrtausend, Verlag für außergewöhnliche Perspektiven, ISBN 3-922367-64-X

[98] Podesser et alt.: Entwicklung eines mit Holz betriebenen Stirling-Kleinkraftwerkes zur dezentralen Strom- und Wärmegewinnung, Phase I (1992), Phase II (1995), Phase III (1997), 3 Bände, Joanneum Research, Graz, Österreich

[99] Kleinst-Blockheizkraftwerk auf der Basis des Viebach-Stirlingmotors ST 05G, Komplementierung zur mobilen Demonstrationsanlage, Diplomarbeiten von M. Kramer und E. Streicher, FH München FB05 und FB 03, Nov. 1997 (ausgezeichnet mit dem Förderpreis „Regeneratio '98" der Stadtwerke München)

[100] Tagungsband des Europäischen Stirling Forums 1998 in Osnabrück veranstaltet von ECOS GmbH (24. - 26. Februar 1998)

[101] Seminarband *Stirlingmaschinen* (16. 5. 98 in Gleisdorf, Österreich), Veranstalter: Arbeitsgemeinschaft Erneuerbare Energien

[102] „Auf den Punkt genau", in: Sonnenenergie 3/98, S. 53 - 56; (Zeitschrift der Deutschen Gesellschaft für Sonnenenergie e.V., München)

[103] Stand der Stirlingmotortechnik in Deutschland, VIK-Ausschuß Grundsatzfragen und Zukunftskonzepte, Stellungnahmen, VIK – Verband der Industriellen Energie- und Kraftwirtschaft e.V., Essen, 1998

[104] Verbesserungen am Viebach-Stirlingmotor und Übersicht über den Stand der 80 Einzelanlagen, Diplomarbeit von C. Schneele, FH München FB03, Frühjahr 1999
[105] Proceedings of the 9th International Stirling Engine Conference and Exhibition (ISEC)., Manyane Camp, Planesburg National Park,North West Province, Republic of South Africa, (2 – 4 June 1999)
[106] Tagungsband des Europäischen Stirling Forums 2000 in Osnabrück veranstaltet von ECOS GmbH (22. – 24. Februar 2000)
[107] Vermessung und Beurteilung des Stirlingmotor-Blockheizkraftwerkes der Stadtwerke München und Darstellung von Verbesserungen, Diplomarbeit von F.M. Geigl, FH München, FB 03, Herbst 2000
[108] 14 Jahre nach Tschernobyl: Schilddrüsenkrebs nimmt zu, Dramatische Fehleinschätzungen internationaler Experten, von Prof. Dr. med.Dr.h.c. E. Lengfelder, MMW-Fortschritte der Medizin, 41, Nr. 16/2000 (142. Jg.), S. 353
[109] Cantilevered Crankshaft Stirling Cycle Machine, John Kerwin et al., United States Patent, Patent Number: 6,062,023, Date of Patent: May 16, 2000
[110] F. Vester, Crashtest Mobilität, 381 Seiten, dtv Verlag, 2000, www.frederic-vester.de
[111] Heißluftmotoren vor dem zweiten Durchbruch, von K. Kübler, W. Wesinger und A. Schiegl, in: Energiedepesche Nr. 2, Juni 2000, 14. Jg.
[112] „Hot Air in the Antarctic", from Derek Ladkin, UK, Extracts from the in-house newsletter of the British Antarctic Survey; The Progress Report for Astronomy, University of New South Wales, 2000-01
[113] Entwicklung einer solaren Niedertemperatur-Stirling-Maschine, Berechnung und Auslegung, Dissertation von J. Eickhoff, TU Dresden, Fakultät Maschinenwesen, Institut für Energietechnik, 2001, (als CD-ROM beim AK Stirlingmotor erhältlich)
[114] Proceedings of the 10th International Stirling Engine Conference 2001 (10th ISEC). Osnabrück, Germany (24 - 26 September 2001)
[115] The Stirling Chain Reaction, AK Stirlingmotor München, Beitrag für die 10. ISEC, 2001
[116] Software "Prosa", Programm zur Berechnung von Stirling Maschinen, Prof.Dr.-Ing.B.Thomas, FH Reutlingen, Email: bernd.thomas@fh-reutlingen.de http://userserv.fh-reutlingen.de/~ thomas/, Juli 2001
[117] Verordnung über die Erzeugung von Strom aus Biomasse, Fundstelle: BGBl I 2001, 1234, Datum: 21. Juni 2001
[118] Brennstoffzellen und Mikro-KMK, Band 20, ASUE, 2001, www.asue.de
[119] Institutsbericht 2001, Ziele, Erfolge, Perspektiven, Entwicklung und Ergebnisse 2001, Institut für Solare Energieversorgungstechnik (ISET e.V.), Hanau, April 2002
[120] „WhisperGen - The Quiet Little Revolutionary" in e.nz, Neuseeland, March/April 2002, S.24-26, siehe Homepage www.stirlingmotor.org
[121] „Power to the people" in New Scientist, 2 March 2002, S.36-38, siehe Homepage www.stirlingmotor.org
[122] „Altes Prinzip neu entdeckt" (Bericht über die Sunmachine) in: Sonnenenergie 3/02, S. 66 - 68; (Zeitschrift der Deutschen Gesellschaft für Sonnenenergie e.V., München)
[123] „SOLO-Karriere" in: Sonnenenergie 4/02, S. 20 - 21; (Zeitschrift der Deutschen Gesellschaft für Sonnenenergie e.V., München)
[124] Stirling-Motor geht nun in Serie, VDI Nachrichten, 17. Mai 2002, Nr. 20

[125] Tagungsband des Europäischen Stirling Forums 2002 in Osnabrück veranstaltet von ECOS GmbH (18. – 19. September 2002)
[126] Der WhisperGen ist auf dem Markt, AK Stirlingmotor München, Beitrag für das Stirling Forum 2002 in Osnabrück
[127] Das MicroGen Produkt, MicroCogeneration und Netzanschluss, Vortrag auf dem TAB-Fachforum "TAB und Dezentrale Erzeugungsanlagen", Berlin 2002
[128] Dampfjournal, Redaktion Dampf, Udo Mannek, Email: RedaktionDampf@aol.com, www.neckar-verlag.de
[129] Podesser et alt.: Entwicklung eines mit Holz betriebenen Stirling-Kleinkraftwerkes zur Strom- und Wärmeerzeugung, Phase IV, Teil 1, Endbericht, (2002), 4 Bände, Joanneum Research, Institut für Energieforschung, Graz, Österreich
[130] European Distributed Generation Technology Markets, 4513-01, Frost & Sullivan Unternehmensberatung, 03.06.2002, www.frost.com
[131] Schleder, Frank, Stirlingmotoren, Thermodynamische Grundlagen, Kreisprozessrechnung und NT-Motoren, Vogel Verlag, Würzburg, 2002, www.vogel-buchverlag.de
[132] Mannek, Udo, Heißluftmotoren I-VII , Neckar-Verlag, Villingen-Schwenningen , 2000-2003
[133] Heftreihe: Fundsache Heißluftmotoren, Band 1-6, Dipl.-Ing. Gerd Maier, Biberach, 1997-2003 (neue Ausgaben mit CD-ROM)
[134] „Energietechnik vom Ende der Welt" (Bericht über den WhisperGen) in: Sonnenenergie 1/03, S. 22 - 23; (Zeitschrift der Deutschen Gesellschaft für Sonnenenergie e.V., München)
[135] Diplomarbeit Nr. 00-DV-02 „Validierung des Prüfmodelles einer WKK-Anlage", im Rahmen des Forschungsprojektes der FOGA (Forschungs-, Entwicklungs- und Förderungsfonds der schweizerischen Gasindustrie); FOGA-Projekt Nr. 0075 (Vergleichende Prüfung von Stirling Micro-WKK-Anlagen unter praxisgerechten Bedingungen), in 2003, Hochschule für Technik und Architektur (HTA), Prüfstelle HLK, Luzern, Schweiz, www.hta.fhz.ch/hlk
[136] Kleine Blockheizkraftwerke – Technik, Planung und Genehmigung, Herausgeber Wirtschaftsministerium Baden-Württemberg, Stuttgart, 2003, kostenlos zu erhalten über www.wm.baden-wuerttemberg.de
[137] Vorankündigung: 11th International Stirling Engine Conference - 11th ISEC -, 22. – 25. September 2003, Joanneum Research, Graz, Österreich

9.3 Adressenverzeichnis

Arbeitsgemeinschaft Erneuerbare Energie, PF 142, A-8200 Gleisdorf, e-Mail. office@aee.at, www.aee.at

Arbeitsgemeinschaft Stirlingmaschinen c/o Dipl.-Ing.(FH) K.Kübler, Leinbergerstr. 3, 81735 München, www.stirling-maschinen.de

Arbeitskreis Stirlingmotor München; Evang. Hochschulgemeinde an der FH München; Loristr. 1; 1. Stock. 80335 München, Fax 089/68800112, e-Mail: stirling@ekhg.fhm.edu, Internet: www.ekhg.fhm.edu oder www.stirlingmotor.org *bieten Bauanleitung des Flachplattenmotors von Kolin mit Beschreibung an und sind in dem Stirlingbereich sehr aktiv und informiert (Infos nur gegen Rückporto und Kopierbeitrag). Der AK freut sich über die Zusendung von Diplomarbeiten etc. für das Archiv und zur Dokumentation der Entwicklung.*

Asue, Arbeitsgemeinschaft für sparsamen und umweltfreundlichen Energieverbrauch e.V., Bismarckstr. 16, 67655 Kaiserslautern, e-Mail: asue@compuserve.com, Internet: www.asue.de

ATAG Verwarming, Postbus 105, 7130 AC Lichtenvoorde, www.atagverwarming.com/

AZUBI Lehrmittel GmbH (Classic Collections), Hutschenreutherstr. 4, 92637 Weiden i. d. OPf., e-Mail: info@classic-collections.de, www.classic-collections.de/ www.azubi-lehrmittel.de/ *Bausatz (Rohteile) Drehmaschine erforderlich.*

BHKW-Infozentrum www.bhkw-infozentrum.de

Blackwell's Bookshop; Broadstreet; Oxford OX1 3BQ / England;
Buchhandlung, über die man englische Fachliteratur besorgen kann.

BSR Solar Technologies GmbH, Industriestr. 8, D-79541 Lörrach; e-Mail: info@bsrsolar.com, Internet: www.bsrsolar.com

Böhm & Daum, Stirling Engines, Werner von Siemens Str. 2, 91413 Neustadt a.d. Aisch, *Modelle*

Max Buchner; Schottenau 31; 85072 Eichstätt
baut und vertreibt seine Messing-Modellmotoren (baute KWK-Modell)

H. Carlsen; TU of Denmark, Laboratory for Energetics, Dk-2800 Lyngby / Denmark, e-Mail: hc@mek.dtu.dk, http://www.et.dtu.dk/Staff/hc/hc.html

Mr. Melvin H. Chiogioji; U.S. Departement of Energy, Washington, DC 20585 / USA *(verschicken Prospekte)*

Mr. E.H. Cooke-Yarborough; United Kingdom Atomic Energy Autority, Lincoln Lodge, Longworth, Nr Abingdon; Oxfordshire OX13 5DU / England

Deutsche Gesellschaft für Sonnenenergie e.V. (DGS), Augustenstr.79/Rgb.; D-80333 München; e-Mail: info@dgs-solar.org, Internet www.dgs-solar.org

Mr. Richard B. Diver; Sandia National Laboratories, P.O.Box 5800; 87185 Albuquerque, New Mexico / USA; *R.B. Diver ist Mitarbeiter von "Solar Thermal Electric Technology" Division 6217.*

DLR; Deutsches Zentrum für Luft- und Raumfahrt e.V., Institut für Technische Thermodynamik, Pfaffenwaldring 38-40; D-70569 Stuttgart, e-Mail: doerte.laing@dlr.de;
Tests am V160, Entwicklung eines Solarreceivers, Forschung mit TES

ECOS-Gesellschaft für Entwicklung und Consulting mbH; Westerbreite 7; 49084 Osnabrück, e-Mail: info@ecos-consult.com, www.ecos-consult.com
veranstaltet alle zwei Jahre das Europäische Stirlingforum (Tagungsbände erhältlich)

Prof. Dr. Ing. F. X. Eder, Halmstr. 15a, 81369 München,
Entwicklung der thermohydraulischen Arbeitsmaschine

ELWE Lehrgerätebau, Klingenthal GmbH, Elwestr. 6, 38162 Cremlingen

Enatec, Galileistraat 27, NL-7131 PE Lichtenvoorde, www.enatec.com

Epas GmbH, Zweinaundorfer Str. 207, D-04316 Leipzig, e-Mail: service@epas-gmbh.com, www.epas-gmbh.com

Fa. Exergia, Hauptstr. 54, D-79104 Freiburg, e-Mail info@exergia.de, www.exergia.de

FH München FB 03 Maschinenbau, Dachauer Str. 98 b, 80335 München

FH München FB 05 Versorgungstechnik, Lothstr. 34, 80335 München

Dipl.-Ing Peter Feulner, Projektleiter Entwicklung / Konstruktion, Ingenieurgesellschaft für Fahrzeugtechnik mbH, Schwäbisch Gmünd, e-Mail: feulner@iftmbH.de, www.iftmbH.de

Gesamthochschule Kassel; Prof. Dr. rer. nat. Helmut Krauch; FB Produkt-Design; Menzelstr. 15; D-34121 Kassel: *Tests mit eigenem Stirlingmotor; bauten Motor mit Kreuzkolben*

Dr. P.J.A. Hamburger; B.V. Stirling Motors Europe; Maanweg 156; NL-2500 BY 's-Gravenhage / Niederlande

Hochschule für Technik und Architektur (HTA), Prüfstelle HLK, Luzern, Schweiz, www.hta.fhz.ch/hlk

Inpro Solar Systeme, Am Bergfeld 5, 86495 Eurasburg, *Modelle*

ISET Institut für Solare Energieversorgungstechnik, Rodenbacher Chaussee 6, 63457 Hanau, Ansprechpartner: B.Krautkremer, e-Mail: hanau@iset.uni-kassel.de, www.iset.uni-kassel.de
Biogas-Einsatz für WhisperGen

Dipl.-Ing. Hans Werner Jaeger; Sonnenbergstr. 30; D-70184 Stuttgart
Ingenieurgruppe mit Hobby "Stirlingmotor und Solaranwendungen"

JOANNEUM RESEARCH Forschungsgesellschaft mbH, Dipl.-Ing. Dr. Erich Podesser, Institut für Energieforschung, Elisabethstr. 5, A-8010 Graz, Austria, e-Mail: erich.podesser@joanneum.at , www.joanneum.at/events/ISEC2003
Veranstalter der 11th. Int. Stirling Engine Conference (ISEC) 2003

Hans-Josef Janetzko, Adlerstr. 17, 71549 Auenwald, e-Mail: hjjanetzko@aol.com
Erfahrung mit NT-Stirlingmotoren

Daniel Kassner, Birnbaumsmühle 65, 15234 Frankfurt (Oder): *Heißluftmotoren*

Kockums AB, SE-205 55 Malmö, Sweden, e-Mail: information@kockums.se, www.kockums.se

Prof. Dr. Ivo Kolin; University of Zagreb; Faculty of Mining; Medvescak 11; 10000 Zagreb / Croatia, e-Mail: ivan.Kolin@zg.tel.hr:
Erfinder des Flachplatten-Stirlingmotors

Dipl.-Ing. (FH) Kuno Kübler; Leinbergerstr. 3; D-81735 München;
Informationsdienst für regenerative Energien, Schwerpunkt Stirlingmotor; Beratung, Vorträge, Führungen, Begleitung von Pilotprojekten, Betreuung von Diplomarbeiten

Dipl.-Ing. Walter Kufner; Ingenieuerbüro für Energieberatung und Prototypenbau; Alpsteinstr. 6; D-88138 Hergensweiler e-Mail: IB-Kufner@gmx.de , www.go.to/kufner-stirling, *Dampfmotoren, Autor des Buches "Stirlingmaschinen einfacher Bauart" Eigenbau-Maschinen mit Leistungen bis zu ca. 300 W*

Lewis Research Center (NASA); Kontakt: Mr. William A. Tomazic, 21000 Brookpark Road; Cleveland, Ohio 44135 / USA

Leybold-Heraeus AG, Naturwissenschaftliche Lehrmittel, Zähringerstr. 40, CH-3000 Bern 9

Ludwigs-Maximilians-Universität, Lehrstuhl für Didaktik der Physik, Prof. H.Wiesner, Schellingstr. 4, 80799 München; e-Mail: cordula.mauch@physik.uni-muenchen.de, www.physik.uni-muenchen.de/didaktik/
mehrere Zulassungsarbeiten für den Unterricht in Theorie und Praxis

Dipl.-Ing. Gerd Maier, Krummer Weg 24, 88400 Biberach

Mayer & Cie. Postfach 201580, D-72438 Albstadt, e-Mail: TimLohrmann@mayercie.de www.mayercie.de

Mr. I. Macpherson; Ford Motor Company, 20000 Rotunda Drive; Dearborn, Michigan, 48121 / USA; *Direktor von Powertrain Engineering Office.*

Magnetmotor GmbH, Petersbrunner Str. 2, 82319 Starnberg, e-Mail: Info@Magnet-Motor.de, www.magnetmotor.de *Prototypen: 1 kW, 10 kW, 40 kW, 5 Pilotanlagen mit 40 kW*

MicroGen (BG Group), 100 Thames Valley Park Drive, Reading, RG6 1PT, UK, www.microgen.com

Messe Sinsheim GmbH, Messe- und Kongresszentrum, Neulandstr. 30, D-74889 Sinsheim, www.messe-sinsheim.de/echtdampf, Ansprechpartner: R.Burke, e-Mail: burke@schall-messen.de *Sonderausstellung Stirlingmotoren (in 2004)*

Uwe Moch, Torstr. 15, D-30169 Hannover, Tel. 0511/883827, Fax 0511/8039697; *Modellbauanleitung*

Christoph Müller, Ingenieurbüro; Wirffelstr. 8; D-85055 Ingolstadt
Diplomarbeit über Stirlingmotoren 1981 an der FH-München, (Fachbereich: Feinwerktechnik; bei Prof. Anselm Vogel); arbeitet u.a. an Stirlingmotor Beta-50W; erarbeitete mit F.Schmelz Leistungsberechnungsprogramm

Neckar-Verlag GmbH, Postfach 1820, 78008 Villingen-Schwenningen; www.neckar-verlag.de; *Buchreihe Heißluftmotoren I-VII, enthält zahlreiche Bauanleitungen*

Mr. Noel P. Nightingale; Stirling Engine Division, Mechanical Technology Inc., 968 Albany-Shaker Road; Latham, NY 12110 / USA

Karl Obermoser, Freier Erfinder, Kirchstr. 13b, 86653 Monheim

OPITEC Handel GmbH, Hohlweg 1, 97232 Giebelstadt, e-Mail: info.de@opitec.com, www.opitec.de

Patentauslegestelle im Landesgewerbeamt; Willi Bleicher Str. 19; 70174 Stuttgart

Phywe-Systeme GmbH, 37070 Göttingen, Lehrmittelkatalog für Physik

Mr. Alan G. Phillips; P.O. Box 140511; Orlando, Florida 32814 / USA

powerbloc GmbH, c./o. Kiefer & Partners AG, Weberstrasse 10, CH-8004 Zürich, peter.wurche@powerbloc.biz, e-Mail: info@powerbloc.biz, www.powerbloc.biz

Ravensburger Dampfmodelle, Jakob-Ruß-Weg 1, 88214 Ravensburg,
Zimmerspringbrunnen mit Heinrici-Nachbau

Redaktion Dampf, Udo Mannek, Verbindungsstraße 23, 47906 Kempen, e-Mail: RedaktionDampf@aol.com, www.neckar-verlag.de

Ing. Roland Reichelt, Albert-Schweitzer-Str. 40, 09116 Chemnitz,
Modelle, Bausätze, Gußteilsätze

Mr. Brad Ross; 1823 Hummingbird Court; West Richland, WA 99352 / USA
Herausgeber der amerikanischen Stirlingzeitung "Stirling Machine World" (Bestelladresse)

RÜMO-Modellbau, Ludwig-Weisser-Str. 3, 78112 St. Georgen,
Modelle, Materialsätze, Pläne

M. Ruppel, Rablstr. 37, 81669 München, *Modell: offener Heißluftmotor*

D.Schager, Goldbergstr. 73, 63073 Offenbach; www.schager-hwm.de,
Spezialist von Kleinst- und Handwärme- Stirlingmotoren

W. Schlagenhauf; Keltenring 24; 79199 Kirchzarten-Sulzdorf;
Reagenzglasstirlingbausatz, zu beziehen über Fa. Opitec,

Firma E. Schmidt; Technische Raritäten; Postfach 2006; D-61410 Oberursel; Tel.: 06171-3364, e-Mail: Stirlingmotor@aol.com; www.stirlingmotor.com : *Modell-Stirlingmaschinen*

Mr. Mark Schuman; 101 G. Street, S.W., #516; Washington, DC 20024 / USA
Selbständiger Erfinder von Freikolbenwärmepumpen und -motoren

James R. Senft, Ph.D.; University of Wisconsin Departement of Mathematics and Computer, Science, River Falls, WI 54022 (USA), e-Mail: J.R.Senft@UWRF.EDU
Entwickelte den NT-StM mit geringstem D?T; Bücher und Bauanleitung

Sigma Electroteknisk AS, P O. Box 34, 1550 Holen, Norway,, www.sigma-el.com

Technisches Büro Karl Kocsisek, Stirling Engineering, Haslau, Österrreich, info@stirling-engineering.com, www.stirling-engineering.com

Prof.Dr.-Ing. B. Thomas, Nördlinger Str. 47, D-72760 Reutlingen, e-Mail: bernd.thomas@fh-reutlingen.de, http://userserv.fh-reutlingen.de/~thomas/, *Software "Prosa"*

Solar Engines, a Division of Jemco Imports, Inc., P. O.Box 5237; Phoenix, Arizona 85010 / USA; *Firma bietet Stirling-Modellmotoren an*

Solo Kleinmotoren GmbH / Solo Stirling GmbH; Postfach 600152; 71050 Sindelfingen, Dipl.-Ing. A. Baumüller, e-Mail: info@stirling-engine.de Internet: www.stirling-engine.de
Solo 161 wird als BHKW in Serie gebaut; Aufbau von Service und Vertrieb in 2003; Solo 161 auch als Solarversion, Solo 161 P mit Biomasse Feuerung ab 2004/2005; Solo 161 zum Einsatz als Kältemaschine in Entwicklung

Stirling Technology Company, 4208 West Clearwater Ave, Kennewick WA 99336-2626, USA, e-Mail: info@stirlingtech.com, www.stirlingtech.com

STM Power, Inc; 275 Metty Drive; Ann Arbor, Michigan 48103 / USA, e-Mail: info@stmpower.com , www.stmpower.com

Fa. Sunmachine GmbH, Am Laufer Schlagturm 6, 90403 Nürnberg, e-Mail: info@sunmachine.de, www.sunmachine.de,
Start des Feldtest mit Gas-BHKW in 2003, hat Patente auf verschiedene Flachplatten-Stirlingmotoren, bietet diese erfolgreich in Entwicklungsgebieten zur dortigen Produktion an.

Fa. Sunpower; 182 Mill Street, Athens, Ohio 45701 / USA, info@sunpower.com, Internet: www.sunpower.com, *Firma von William Beale;*

Technische Universität Dresden, Institut für Angewandte Physik und Didaktik, Lehrstuhl Didaktik der Physik, Prof .Dr.H.-J.Wilke, Mommsenstr. 13, 01062 Dresden, e-Mail: rh@padns1.phy.tu-dresden.de, *Vortrag am 17.3.99 im Deutschen Museum (aufgezeichnet auf Video)*

Technische Universität Dresden, Fakultät Maschinenbau, Institut für Energietechnik, 01062 Dresden, Dejin Chen, Jürgen Knorr, Manfred Schwarz: *(Doktorarbeit von J. Eickhoff zum NT-Stirlingmotor erhältlich beim AK Stirlingmotor München)*

Fa. Thermacore; 780 Eden Road; Lancaster, Pennsylvenia 17601 / USA
Firma vertreibt Wärmerohre. Engineering Manager: Robert M. Shaubach.

Universität GHS Essen, Institut für Angewandte Thermodynamik und Klimatechnik, FB 12, Prof. Dr.-Ing. Fritz Steimle, Universitätsstr. 15, D-45141 Essen, Fax 0201/183-2584

University of Canterbury, Dr. Michael Gschwendtner, Stirling Cycle Research Group, Department of Mechanical Engineering, , Private Bag 4800, Christchurch, NEW ZEALAND, Fax: +64 3 364-2078, e-Mail: mag@mech.canterbury.ac.nz, www.mech.canterbury.ac.nz/research/stirling

UK Stirling News, The Journal of the Stirling Engine Society; Mr. Ken Boak, Stirling Engine Society, „The Hollies", 7 Flint Hill, Dorking Surrey, England, RH4 2LL, e-Mail:kenboak@compuserve.com

Victron Energie B.V., E. Verest, De Paal 35, NL-1351 JG, Almere-Haven, e-Mail: sales@victronenergy.com; *Vertrieb des Whispergen DC für 12/24 V (Diesel als Brennstoff)*

Dieter Viebach Entwicklungsbüro, Spielhahnstr. 17, 83059 Kolbermoor
vertreibt Bausatz seines 500 W Gamma-Motors, Bauanleitungen für Modelle, Video, Stirling-Ringinfo Nr. 1-8 auf CD-ROM, www.geocities.com/Viebachstirling

Stefan Viebach: *Simulationsprogramm zur Auslegung von StM*

Mr. Graham Walker; Dept. of Mechanical Engineering, University of Calgary, Calgary, Alberta / Canada T2N1N4 *hat sehr gute Bücher über Stirling-Maschinen geschrieben.*

WA-TEC, Ing.büro M.Strippel, Heinrich-Fulda-Weg 9, 64289 Darmstadt,
Stirlingmotor-Modell

Dr. Rudolf Weber; CH-5225 Oberbözberg / Schweiz: *Wissenschaftsjournalist*

Whisper Tech. Ltd., 224 Armagh Street, PO Box 13705, Christchurch, New Zealand, e-Mail: info@whispertech.co.nz.; Internet: www.whispergen.com (mehrere WEB-Seiten über den Whispergen)
AC und DC, Feldtest in England (Winter 2002/2003); 230 V AC für Gas mit 30 Anlagen;

Wiggers Modellbau, Postfach 101 104, 47886 Kempen,
Modelle, Materialsätze, Gussteile, Pläne

Zentrum für Angepasste Technologie und Sozialökologie, Ökozentrum Langenbruck, Schwenigstraße 12, CH - 4438 Langenbruck, e-Mail: gaegauf@oekozentrum.ch, www.oekozentrum.ch : *Mehrere Forschungsprojekte (ST5, Öl- und Gasbrenner, Stirling-Energie-Modul mit Lineargenerator u.a.)*

9.4 Daten der wichtigsten Stirlingmaschinen

Bezeichnung	1-75	300W FPSG
Drehzahl, Aufladung	ca. 3150 U/min, Helium 40 bar	60Hz, Helium 17 bar
Leistungsdaten	P = 2,7 kW; G = 100 kg	P = 300 W; G = 15 kg
Wärmequ., Antrieb	Erdgas	Propan
Bauform	Doppel-Kurbelwelle, gegenläufig	β-Freikolben Stirling m. Lineargenerator
Besonderheiten	voll auswuchtbar	voll auswuchtbar
Ausführungsstand	verschied. Nullserienmaschinen getestet	verschiedene Testmaschinen im Einsatz
Ausführungszeit	1990-1993	1992-1994
Konstrukteur / Hersteller	Prof. Carlqvist u.a. (Schweden), Schäfer, Lohrmann (BRD), Ecker-Maschinenbau	W. Beale Sunpower, Ohio, USA

Bezeichnung	35 kW Stirling Engine	9 kW Stirling Engine
Drehzahl, Aufladung	1015 U/min, Wasserstoff/Helium 44 bar	1020 U/min, Helium, 80 bar
Leistungsdaten	35 $kW_{el.}$ η = 22%	9,5 kW_{el} bei 700°C / 45°C, G = 500kg
Wärmequ., Antrieb		Erdgas, Biogas
Bauform	4-Zylinder-Maschine	β-Maschine, 1-Zylinder-Triebwerk, hermetisch gekapselt
Ausführungsstand	Laboranlage	
Konstrukteur / Hersteller	Prof. H. Carlsen, TU of Denmark + Industriepartner	Prof. H. Carlsen, TU of Denmark + Industriepartner

Bezeichnung	Biomasse Stirlingmotor	BM 1000
Drehzahl, Aufladung	633 U/min, Helium bei 28 bar	680 U/min, Trockene Luft mit 6,5 bar
Leistungsdaten	30 kW_{mech} b. 1000°C /~35°C, η = 27%	1,0 kW bei 1000°C/50°C, G = 38 kg
Wärmequ., Antrieb	Rauchgas aus Biomasse-Heizkessel	Betrieb mit Biomasse, min. 19 kW Heizl.
Bauform	α-Maschine	γ-Maschine
Ausführungsstand	Testbetrieb (2002)	
Konstrukteur / Hersteller	Joanneum Research Institut für Energieforschung + Partner	EPAS Stirling Power Systems

Bezeichnung	DMC3	EG 1000
Drehzahl, Aufladung	1500 U/min, Luft bei 10 bar	Helium
Leistungsdaten	P = ca. 150 W_{el}	1,1 kW_{el} bei 240 V AC, η_{el} = 28 % 15/24/36 kW_{th} (je nach Ausführung)
Wärmequ., Antrieb	Benzin, Diesel	Erdgas, Flüssiggas, Heizöl (geplant)
Bauform	4-Zylind., dopp. wirkend, Taumelscheibe	Freikolben β-Maschine
Besonderheiten	Abtrieb über Autolichtmaschine	G=35 kg (Motor) 50 kg (m. Absorber)
Ausführungsstand	Tests wurden durchgeführt	Feldtest
Konstruk./ Hersteller	Clucas, Raine	Sunpower, Lizenz: BG Group MicroGen

Bezeichnung	**Harwell TMG** (thermo-mechan. gener.)	**KF 2-100**
Drehzahl, Aufladung	konstant, f = 110 Hz; Helium	300 U/min, Luft, keine Aufladung
Leistungsdaten	P = ca. 25 W_{el}; G = 0,8 kg	P = 50 W
Wärmequ., Antrieb	Radioisotope, elektrisch, Propan	Propan o. Biogas, aber auch andere
Bauform	Freikolbenverdränger, Membran mit Lineargenerator	2-Verdränger und ein Arbeitskolben senkrecht
Besonderheiten	hohe Lebensdauer (bis 72 000 h)	rustikale Bauweise
Ausführungsstand	Tests wurden über 10 Jahre durchgeführt	als Fertigmodell erhältlich
Konstrukteur/ Herst.	Cooke-Yarborough	W. Kufner

Bezeichnung	**Kolin-Flachplattenmotor**	**LG 1-100**
Drehzahl, Aufladung	konstant, Luft bei Umgebungsdruck	konstant, 1520 U/min, 65 bar
Leistungsdaten	P = ca. 1 W; n ca. 100 U/min	2,5 kW bei 650°C / 45°C
Wärmequ., Antrieb	beliebig, meist Sonne und Abwärme	Erdgas
Bauform	Arbeitskolben als Membran ausgeführt	β-Maschine
Besonderheiten	diskontinuierliche Verdrängersteuerung	Querkraft-Entlastung durch Anlenkhebel
Ausführungsstand	Bauanleitung beim AK Stirlingmotor in München erhältlich	auf 5 Prototypen > 25.000 Std. Testlauf
Konstrukteur	Prof. Ivo Kolin von der Uni Zagreb	Hersteller: Mayer & Cie

Bezeichnung	**Mod II**	**MT 79**
Drehzahl, Aufladung	variabel, n = 4000 U/min;	variabel; n=2500 U/min, Helium 100 bar
Leistungsdaten	P = 62 kW; G/P = 3,3 kg/kW; η = 42%	P = 52 kW;; G=190 kg; η=31% (max.)
Wärmequ., Antrieb	alle Treibstoffe, je nach Brenneraufsatz	Kerosin
Bauform	V-Anordnung	parallel symmetrisch um Abtriebsachse liegend
Besonderheiten	kontinuierliche Verdrängersteuerung	kontinuierliche Verdrängersteuerung
Ausführungsstand	verschied.Prototypen erfolgreich getestet	Prototyp bis 1982 erfolgreich getestet
Hersteller	Mechanical Technology Inc., USA	Aisin Seiki Co., LTD., Japan

Bezeichnung	**NALSEM 500**	**P 40**
Drehzahl, Aufladung	30 Hz, Mitteldruck 3 bar	variabel; n=4000 U/min
Leistungsdaten	P = 500 W; 30 Hz; η = ca. 30%	P = 40 kW; G = 328 kg; η = 32%
Wärmequ., Antrieb	je nach Brenner alle Treibstoffe, a. solar	alle Treibstoffe, je nach Brenneraufsatz
Bauform	Verdrängerantrieb: Elektromot., 90° V-Anordnung, Arbeitskolben=Linearaltern.	4-Zylinder senkrecht parallel im Viereck, 2 Kurbelwellen
Besonderheiten	Druckwechsel über Getriebe auf Unterseite Kolben	kontinuierliche Verdrängersteuerung
Ausführungsstand	Tests erfolgreich, verbesserter Motor bereits in Planung	Tests erfolgreich abgeschlossen, bereits verbessert
Hersteller	National Aerospace Lab, Mitsubishi, Jap.	United Stirling Sweden (USAB bzw. USS)

Bezeichnung	PCP 1-130 GP	Phoenix
Drehzahl, Aufladung	1600 U/min; Helium bei 80 bar	60 U/min, Übersetzung auf Abtriebswelle: 3000 U/min
Leistungsdaten	P=3 kW_{el}, 9 kW_{th}	P = 5 kW_{el}, 10 kW_{th}
Wärmequ., Antrieb	gasförmige Brennstoffe	Stadtgas
Bauform	β-Maschine	Doppeltwirkende β-Maschine, hybrid, hydraulisch ausgekoppelt
Besonderheiten	Lebensdauer 50 000 h	für KWK-Anlagen
Ausführungsstand	serienreif	
Hersteller	Sigma, Typ SCP entwick. v.TEM, Schwed.	Konstrukteur: BSR-Solar Team

Bezeichnung	RG-1000	S 400
Drehzahl, Aufladung	3000 - 3600 U/min	500 U/min, trockene Luft mit 6,5 bar
Leistungsdaten	1,0 kW / 1,2 kW b. 3000/3600 U/m; η_{el} = 23%, G = 59 kg	400 W_{peak} bei 700°C / 50°C, G = 43 kg
Wärmequelle, Antrieb		Betrieb mit konzentrierter Sonnenstrahlung, eff. Aperturfl.: 2 m^2
Besonderheiten		automatische Sonnen-Ausrichtung
Ausführungsstand	Serienfertigung	
Hersteller	Stirling Technology Company (STC)	EPAS Stirling Power Systems

Bezeichnung	SOLO Stirling-Modul 161	STA 520-25
Drehzahl, Aufladung	1500 U/min, Helium, 70-150 bar variabel	400-900 U/min, Stickstoff mit 25 bar
Leistungsdaten	P = 2-9 kW_{el}, 8-24 kW_{th}, G = 450 kg η_{el} = 24 % b. 650°C/50°C, η_{th} = 65-75%	P = 0,5-2 kW_{el}, 1,5-5 kW_{th}; G=350 kg; η_{el}=20-25%, η_{ges} = 80-85%
Wärmequ., Antrieb	alle Treibstoffe je n. Brenner, Solar-Dish	Erdgas, Flüssiggas, Solar-Dish
Bauform	α-Maschine, 90°V-Triebwerk	α-Maschine, 90°-V-Triebwerk, hermetisch gekapselt
Besonderheiten	externer Regenerator	NO_x < 10 ppm, CO < 5 ppm
Ausführungsstand	Serienfertigung	Prototyp, Feldversuch wird vorbereitet
Hersteller	SOLO Stirling GmbH	S. Viebach, E. Weber/ Sunmachine GmbH

Bezeichnung	ST 5	STM 4-120
Drehzahl, Aufladung	650 U/min; Luft mit 5 bar	variabel; Helium mit 110 bar
Leistungsdaten	P = 3,5 kW; G = 330 kg	55 kW_{el} (auch als 25 kW_{el}-Maschine entwickelt) G=136 kg (Motor); η_{el} = 30%, η_{ges} = 80%
Wärmequ., Antrieb	meist Biomasse (Holz, Stroh, Gräser, ...)	alle Treibstoffe je n. Brenner, Solar-Dish
Bauform	Kurbel-Winkeltriebwerk, β-Bauform	4-Zylinder parallel symmetrisch um Abtriebsachse liegend
Besonderheiten	gebaut f. 3. Welt, einfache rob. Bauart	kontinuierliche Verdrängersteuerung
Ausführungsstand	Serie (1986-1989)	Serienreife
Konstrukt./Hersteller	Sunpower/ Stirling Technology Inc. USA	Stirling Thermal Motors (STM), USA

Bezeichnung	**Sunpulse Water**	**Sunpulse Mitteltemp.-Stirlingmot.** (24-Stundenkraftwerk m. MgH_2-Speicher)
Drehzahl, Aufladung	30 U/min, atmosphärisch	12 – 30 U/min, (Langsamläufer), 20 bar
Leistungsdaten	120 W, hydraulisch nutzbar	P = 1 kW_{el},
Wärmequ., Antrieb	solar 3m², nicht konzentriert	solar (konzentriert), bzw. thermochemischer Speicher
Bauform	β-Maschine, einfach, konzentrisch angeord. Wärmetauscher; fremderregt oder Kurbelwelle diskontinuierlich	β-Maschine, einfach, hydraulische Leistungsauskopplung, m. Hydraulikmotor auf 1500 U/min (Wellendrehzahl)
Besonderheiten	in Entwicklungsländern herstellbar	
Ausführungsstand	20 Prototypen (1995 – 2003)	Prototyp, getestet (1994-2003)
Konstruk./Hersteller	BSR Solar Technologies	BSR Solar Technologies

Bezeichnung	**Sunwell 100**	**TEC 40**
Drehzahl, Aufladung	ca. 60 U/min, Luft, keine Aufladung	1000 U/min, 100 bar
Leistungsdaten	80 $W_{mech.}$, 40 W Pumpleistung (Wasser)	40 kW_{el} , 88 kW_{th}
Wärmequ., Antrieb	Solarstrahlung ungebündelt	Erdgas, Holz, Biogas (landwirtschaftl.)
Bauform	Verdränger beinhaltet alle Wärmetausch.	
Besonderheiten	Temperatur am Erhitzer unter 100°C	
Ausführungsstand	Tests mit Prototypen und Nullserienmaschinen (1991 - 1994)	5 Pilotanlagen (2000)
Konstruk./Hersteller	Weber, Sodeik, Rampp	Magnet Motor / Heidelberg Motor GmbH

Bezeichnung	**V160**	**V4-275R Mk III Engine**
Drehzahl, Aufladung	variabel	2000 U/min, Stickstoff
Leistungsdaten	P=15 kW, n=3600 U/min, G/P=6.7kg/kW	30 - 70 kW_{el} bei 310 – 400 V DC
Wärmequ., Antrieb	alle Treibstoffe, je nach Brenneraufsatz	Diesel-Spezialbrenner für Untersee-Anwendung mit reinem Sauerstoff unter 20 bar Druck; auch als Solar-Dish
Bauform	90°-V-Zylinder	V-Motor mit zwei Ausgleichswellen
Besonderheiten	ext. Regenerator, kont.Verdrängersteuer.	
Ausführungsstand	Vorserie (1989)	Serienfertigung
Konstruk./Hersteller	Stirling Power Systems Corporation, USA	Kockums, Schweden

Bezeichnung	**WhisperGen AC**	**WhisperGen DC**
Drehzahl, Aufladung	2000 U/min; Stickstoff mit 20 bar	2000 U/min; Stickstoff mit 20 bar
Leistungsdaten	850 –1200 W_{el}, b. 230 V AC, 6 - 8,5 kW_{th}	750 W_{el}, 24 V DC (12 V DC opt.), 6 kW_{th}
Wärmequ., Antrieb	Erdgas, Flüssiggas (später Heizöl, Diesel)	Heizöl, Diesel (später Erd-, Flüssiggas)
Bauform	kleiner, kompakter, doppeltwirkender 4-Zylinder Stirlingmotor	kleiner, kompakter, doppeltwirkender 4-Zylinder Stirlingmotor, G = 90 kg
Besonderheiten	Gewicht: 140 kg (mit Gasbrenner)	Bootsversion mit Salzwasser-wärmetauscher zur Kühlung
Ausführungsstand	Serienfertigung, CE-Zeichen	Serienfertigung, CE-Zeichen
Konstruk./Hersteller	Whisper Tech Ltd., New Zealand	Whisper Tech Ltd., New Zealand

9.5 Hinweise zum Bau eines Stirlingmotor-Modells

Wer ein Modell bauen möchte, ist gut beraten, sich ein wenig mit der Physik zu beschäftigen. Nachfolgend sind die Ausführungen von G. Eith wiedergegeben, der seit etwa 10 Jahren im AK Stirlingmotor München mitarbeitet und der die physikalischen Richtlinien erarbeitete, um den Entwurf eines neuen Modells zu überprüfen und am fertigen Motor die wichtigsten Kennwerte messen zu können.
Wer einmal ein Funktionsmodell nach einem vorgegebenen Bauplan hergestellt hat, der will gerne zu höheren Motorleistungen kommen. Am ersten Modell kann man die Schwachstellen erkennen und möchte diese beim nächsten Eigenbau korrigieren. Was sind nun die für die Motorleistung bestimmenden Faktoren und welchen Einfluss haben sie? Bei allen konstruktiven Änderungen muss man die Möglichkeiten eines Hobbybastlers im Hinblick auf Werkzeuge, Maschinen und Messgeräte im Auge behalten und nicht zuletzt auch seinen Geldbeutel.
Ein Motor mit ca. 100 Watt Leistung, der also etwa die Dauerleistung eines Menschen bringt, hätte viele Einsatzmöglichkeiten.
Nun fällt es nicht nur dem Bastler, sondern auch den Entwicklern in der Industrie oftmals schwer, einen Stirlingmotor vorauszuberechnen, da bei einem so komplexen technischen Gebilde die Änderung eines Faktors alle anderen mit beeinflusst. Beispielsweise führt eine Erhöhung der Drehzahl zu höheren Luftgeschwindigkeiten im Stirlingmotor und bringt damit größere Strömungsverluste, verbessert andererseits aber auch die Wärmeübergangszahl. Vorberechnungen haben ergeben, dass Stirlingmotoren mit über 100 Watt Leistung durchweg Abmessungen haben, die mit einer Hobbyausrüstung kaum noch herzustellen sind. Wir denken daher für den ersten Schritt an eine Leistung von ca. 25 Watt. Änderungen zwecks Optimierung lassen sich bei dieser Größe noch recht einfach durchführen. Außerdem erscheint es angebracht, Erfahrungen zu sammeln, bevor man Maschinen mit größerer Leistungen in Angriff nimmt.
Bei Benutzung der Formeln für eigene Berechnungen ist darauf zu achten, dass die Zahlenwerte in der gleichen Einheit eingesetzt werden: die Länge in m, Zeit in s, Masse in kg, Temperatur in K, Leistung in W, Arbeit in Ws etc. Die Richtlinien und Tipps sollen Ihnen zu einer erfolgreichen Arbeit verhelfen!

Der Carnot-Wirkungsgrad

Wie sich Physikbüchern entnehmen lässt, ist die Temperaturdifferenz ausschlaggebend für den idealen (d.h. maximal möglichen) thermodynamischen Wirkungsgrad η_{ideal}. Dies ist der Wirkungsgrad des Carnot-Prozesses (Literatur: z.B. Kuchling, H.: Taschenbuch der Physik):

$$\eta_{ideal} = \frac{T_o - T_u}{T_o} = 1 - \frac{T_u}{T_o}$$

Ein einfaches Zahlenbeispiel:

Gegeben sei eine Wärmekraftmaschine, die im mittleren Temperaturbereich arbeitet, mit einer oberen Temperatur T_o = 500 K entsprechend 227°C
und einer unteren Temperatur T_u = 300 K entsprechend 27°C.
Der Wirkungsgrad des Carnot-Prozesses ist gleich dem Wirkungsgrad des idealisierten Stirlingprozesses, nämlich:

$$\eta_{ideal} = \frac{500 - 300\,K}{500\,K} = 0{,}4 = 40\%$$

Das p-V-Diagramm des idealen Stirlingprozesses besteht aus zwei Isothermen (Expansions- und Kompressionsvorgang) und aus zwei Isochoren, bei denen nur innere Energie zu- oder abgeführt wird. Die isochore Zustandsänderung bewirkt der Regenerator. Bei der isothermen Expansion wird die zugeführte Wärme in Arbeit, bei der isothermen Kompression wird die mechanische Energie der Schwungscheibe in Wärme umgewandelt. Um die scharfen Übergänge zwischen den einzelnen Phasen des idealen Stirlingprozesses im p-V-Diagramm soweit wie möglich zu realisieren, ist eine diskontinuierliche Bewegung des Verdrängers notwendig. Diese konnte bei den bekannten Stirlingtypen nur unvollkommen realisiert werden und ist beim Kolin-Motor bisher am besten gelöst.
Da im Stirlingprozess durch Toträume, Strömungswiderstände im Regenerator, Wärmebrücken, mehrere Wärmeübergänge usw. Verluste auftreten, verringert sich der ideale thermodynamische Wirkungsgrad von 0,4 um einen Verlustfaktor, der bei jedem Stirlingmotor einen anderen Wert besitzt (wer tiefer einsteigen will, siehe: Steimle, Fritz: Stirling-Maschinentechnik. 1996). Für unser Rechenbeispiel wird er zu 0,25 angenommen. Damit ist:

$$\eta_{real} \approx 0{,}4 \cdot 0{,}25 = 0{,}1 = 10\%$$

Anfangsvolumen V_a und Volumenverhältnis V_a / V_e

Bei der isothermen Expansion wird die zugeführte Wärme Q_z in Arbeit W umgewandelt.

$$Q_z = W = m \cdot R \cdot T_e \cdot \ln (V_e/V_a)$$

Wir gingen in unserem Rechenbeispiel davon aus, dass der Stirlingmotor eine mechanische Nutzleistung von 25 Watt liefern soll. Bei einem realen Wirkungsgrad von nur 10% müssen wir das Zehnfache der Nutzleistung als Heizleistung zuführen, also 250 Watt. Und für den Kompressionsvorgang muss das Schwungrad die notwendige Energie in Form von Rotationsenergie aufbringen.

Das Arbeitsgas soll die zugeführte Wärmeenergie Q = 250 Ws im Zylinder speichern können (in einer Sekunde entspricht dies der Leistung von 250 Watt). Damit ist:

$$Q = c_V \cdot m \cdot \Delta T = c_V \cdot \rho \cdot V_a \cdot \Delta T$$

$$V_a = \frac{Q}{c_V \cdot \rho \cdot \Delta T} = \frac{250\,\text{Ws} \cdot \text{kg} \cdot \text{K} \cdot \text{m}^3}{717\,\text{Ws} \cdot 1{,}3\,\text{kg} \cdot 200\,\text{K}} = 0{,}0013\,\text{m}^3 = 1{,}3\,\text{l} \qquad \text{mit}$$

c_v spez. Wärme der Luft = 717 Ws/kgK
ρ_{Luft} spez. Dichte der Luft = 1,3 kg/m^3
ΔT Temperaturunterschied beim Aufheizen = 200 K
V_a Anfangsvolumen

Wegen der Temperaturverluste bei den Wärmeübergängen und wegen der unvermeidlichen Toträume im Motor wählen wir das Anfangsvolumen zu V_a = 3 l = 0,003 m^3. Damit lässt sich das Volumenverhältnis V_e/V_a berechnen:

$$m = \rho \cdot V_a = 1{,}3\,\text{kg}/\text{m}^3 \cdot 0{,}003\,\text{m}^3 = 0{,}0039\,\text{kg}$$

$$\ln\frac{V_e}{V_a} = \frac{W}{m \cdot R \cdot T_e} = \frac{250\,\text{Ws} \cdot \text{kg} \cdot \text{K}}{0{,}0039\,\text{kg} \cdot 287\,\text{Ws} \cdot 500\,\text{K}} = 0{,}447 = \ln 1{,}56$$

$$\frac{V_e}{V_a} = 1{,}56 \qquad V_e = 1{,}56 \cdot 0{,}003\,\text{m}^3 = 0{,}00468\,\text{m}^3 = 4{,}68\,\text{l}$$

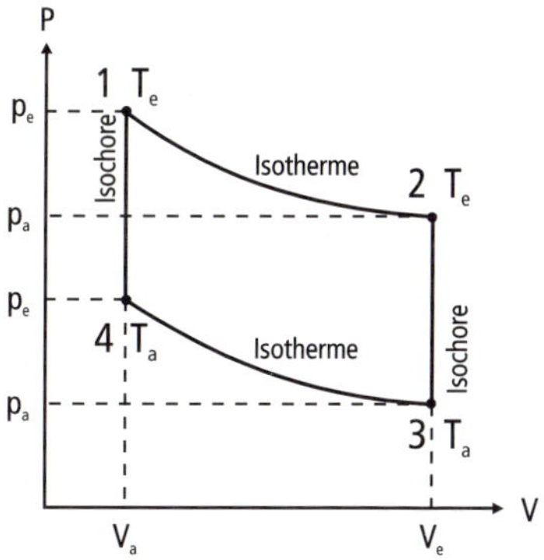

mit

W Arbeit in Ws
m $= \rho \cdot V$ Masse der Luft in kg
R Gaskonstante der Luft = 287 Ws/kgK
T_e Endtemperatur = 500 K
V_e Endvolumen in m^3
V_a Anfangsvolumen in m^3
ρ = 1,3 kg/m^3 für Luft bei 0°C und 1 bar
$V_e / V_a = p_e / p_a$

Abb. 139: p-V-Diagramm des Stirling-Kreisprozesses.

Drehzahl und Hubvolumen

Dreht sich der Motor einmal pro Sekunde und wird dabei eine Heizenergie von 250 Ws zugeführt, ergibt sich eine (thermische) Motorleistung von P = 250 W. Erhöht man die Drehzahl, so kann bei gleicher Leistung das Ausgangsvolumen von V_a = 3 l = 3000 cm^3 verringert werden. Neben kleineren Motorabmessungen wird durch die höhere Strömungsgeschwindigkeit der Luft der Wärmeübergang verbessert.
Steigert man beispielsweise die Drehzahl von 1 auf 20 Umdrehungen pro Sekunde, so ist ein Zwanzigstel des ursprünglichen Volumens ausreichend. Das neue Anfangsvolumen beträgt dann nur noch 150 cm^3.

Bei der Temperaturerhöhung von 300 auf 500 K dehnt sich das Anfangsvolumen V_a auf das 1,56 fache aus:

$$V_e = 150 \times 1{,}56 = 234 \text{ cm}^3$$

Damit beträgt das Hubvolumen V_h:

$$V_h = V_e - V_a = 234 - 150 = 84 \text{ cm}^3$$

Bei einem Arbeitskolbendurchmesser von 5 cm entspricht dies einem Hub von etwa 4,3 cm.

Masse des Regenerators

Die Wärmeleistung von 250 W wird dem Stirlingmotor auf der heißen Seite zugeführt. Bei einer Drehzahl von 20 Umdrehungen pro Sekunde sind pro Umdrehung 250/20 = 12,5 Ws an Wärme umzusetzen. Diese Wärmemenge muss der Regenerator in kurzer Zeit aufnehmen und wieder abgeben. Dazu eignen sich wegen der geringen Wärmeeindringtiefe und der notwendigen Wärmeübergangsfläche Materialien wie Stahldraht, Stahlwolle oder Stahlfolie.

Aufgrund der Energieflüsse im Stirlingmotor (vgl. Abb. 22) sollte der Regenerator das Vier- bis Fünffache der im Motor umgesetzten Wärmeenergie aufnehmen und wieder abgeben können, also statt 12,5 Ws pro Umdrehung etwa 55 Ws.

Ein Körper nimmt nur dann Wärme auf bzw. gibt sie ab, wenn eine Temperaturdifferenz zum anderen Medium besteht (hier Wärmeübergang Metall an Luft und Luft an Metall). Aus diesem Grund wird der Regenerator nicht ganz 500 K heiß und nicht ganz 300 K kalt. Wir nehmen eine Temperaturdifferenz des Regenerators von $\Delta T = 100$ K an. Der Wärmeinhalt Q eines Körpers beträgt:

$$Q = c \cdot m \cdot \Delta T$$

Mit Q = 55 Ws und der spezifischen Wärme von Stahl c = 0,5 kWs/kg K lässt sich die notwendige Masse des Regenerators berechnen:

$$m = \frac{Q}{c \cdot \Delta T} = \frac{55 \text{ Ws} \cdot \text{kg} \cdot \text{K}}{0{,}5 \text{ kWs} \cdot 100 \text{ K}} = 1{,}1 \text{ g}$$

Ergebnis: Es werden ca 1,1 Gramm Stahldraht, Stahlwolle oder Stahlfolie für den Regenerator benötigt Bei einem Stahldrahtdurchmesser von 0,1 mm entspricht dies einer Länge von ca. 18 m.

Wärmeübergang zwischen festen und gasförmigen Körpern

Im Stirlingmotor treten folgende Wärmeübergänge auf: Von der heißen Zylinderwand auf das kalte Arbeitsgas (Luft), von der erhitzten Luft auf den Regenerator, auf der kalten Seite vom Arbeitsgas an die Kühlflächen des Zylinders und von den Kühlflächen an das Kühlmedium Außenluft oder Wasser. Bei allen diesen Wärmeübergängen

streicht ein Luftstrom an einem warmen oder kalten festen Körper vorbei.
Errechnet wurde eine Wärmeenergie von 250 Ws, die dem Stirlingmotor auf der heißen Seite pro Sekunde zugeführt wird. Bei einer Drehzahl von 20 Umdrehungen pro Sekunde kann die zugeführte Wärmeenergie in 20 entsprechend kleineren Wärmeportionen verarbeitet werden, das sind 12,5 Ws bei einem Anfangsvolumen von 150 cm^3. Damit bewegt sich das Luftvolumen 20mal in der Sekunde hin und her.
Je kleiner die Temperaturdifferenzen bei den Wärmeübergängen zwischen den festen und gasförmigen Körperpaaren sind, um so mehr bleibt für die Temperaturdifferenz zwischen der erhitzten und der gekühlten Luft übrig. Diese reale Temperaturdifferenz ist maßgebend für den thermodynamischen Wirkungsgrad. Der Übergang der Wärme Q vom festen auf den gasförmigen Körper errechnet sich:

$$Q = \alpha \cdot A \cdot t \cdot \Delta T \quad \text{mit}$$

Q = 12,5 Ws
ΔT = Temperaturdifferenz = 20 K (Rechenwert)
t = Dauer des Wärmeüberganges = 0,05 s
α = Wärmeübergangskoeffizient in W/m^2K

Der Wärmeübergangskoeffizient für turbulente Luftströmungen beträgt
$\alpha > 290\ W/m^2K$.

Die notwendige Wärmeübergangsfläche A (in m^2) beträgt dann:

$$A = \frac{Q}{\alpha \cdot t \cdot \Delta T} = \frac{12{,}5\ Ws \cdot m^2 \cdot K}{290\ W \cdot 0{,}05\ s \cdot 20\ K} = 0{,}043\ m^2 = 431\ cm^2$$

Ein Zylinder mit 5 cm Durchmesser und einem Ausgangsvolumen von 150 cm^3 ergibt eine Zylinderlänge von 7,7 cm. Die Wärmeübergangsfläche errechnet sich aus Kreis- plus Zylindermantelfläche, also

$$A = 19{,}6 + 121 = 140{,}6\ cm^2$$

Dies ist zu wenig, hier ist der Konstrukteur gefordert die Wärmeübergangsfläche auf das Drei- bis Vierfache zu vergrößern.

Äußere Kühlfläche auf der kalten Seite

Auf der kalten Außenseite des Zylinders muss die Kühlfläche wesentlich größer sein, da die hohe Strömungsgeschwindigkeit wie im Zylinder fehlt. Der Wärmeübergangskoeffizent α für den Wärmeübergang eines festen Körpers an ruhende Luft beträgt nur etwa 10 W/m^2K anstatt 290 W/m^2K. Damit brauchen wir eine ca. 30 fach größere Außenkühlfläche, statt 431 cm^2 nun ca. 13.000 cm^2 oder 1,3 m^2! Dies ist ein weiterer Knackpunkt. Aus diesem Grund wird meistens mit Wasser gekühlt, da hier $\alpha \approx 5.000$ ist.

Totvolumen eines Stirlingmotors

Wie schon angemerkt, muss die gesamte Luft an der heißen Zylinderfläche, am Regenerator und an der kalten Zylinderfläche vorbeistreichen. Um das zu realisieren, müsste das Restvolumen in den beiden Hubendlagen, aber auch das Luftvolumen im bzw. am Regenerator wirklich Null sein. Dies ist beim Regenerator nicht realisierbar und durch eine Phasenverschiebung zwischen Verdränger- und Arbeitskolben nur begrenzt möglich. Bei Stirlingtypen mit getrennten Zylindern für Verdränger und Arbeitskolben ist ein zusätzliches Verbindungsrohr notwendig. In der Praxis tritt immer Totvolumen auf. Diese Luftmengen, die nicht die Heiz- und Kühlflächen erreichen, vermischen sich, verringern die Temperaturdifferenz und drücken damit den thermodynamischen Wirkungsgrad!

Strömungsenergieverluste

Der Spalt zwischen Verdränger und Zylinderwand und der Widerstand im Regenerator führen mit wachsender Drehzahl zu hohen Strömungsgeschwindigkeiten und damit zu Leistungsverlusten. Turbulente Strömung, die bei hohen Luftgeschwindigkeiten auftritt, erhöht zwar den Wärmeübergang vom festen auf den gasförmigen Körper, leider aber auch die Strömungsverluste.

Leistungsverluste durch Wärmebrücken

Je nach Stirlingtyp sind der heiße und der kalte Zylinderteil entweder zusammengeflanscht (Beispiel 1), am Gehäuse befestigt oder aus einem Stück (Beispiel 2). Folglich wird durch Wärmeleitung ein Teil der zugeführten Heizenergie ungenutzt zum kalten Teil abgeführt. Der Wärmeverluststrom I lässt sich folgendermaßen berechnen:

$$I = \frac{\lambda \cdot A \cdot \Delta T}{L}$$ mit

I Wärmestrom in W

λ Wärmeleitfähigkeit in W/mK, (Stahl $\lambda = 45$ W/mK, für Dichtung $\lambda = 1$ W/mK)

A Querschnittsfläche des Wärmeleiters in m^2

L Länge des Wärmeleiters in m, auf dem die Temperaturdifferenz herrscht

ΔT Temperaturdifferenz zwischen Anfang und Ende des Wärmeleiters in K

Beispiel 1: Dichtung
Dichtung: L = 0,002 m
Dichtungsfläche A = 0,002 m^2
Temperaturdifferenz ΔT = 100 K

$$I = \frac{1\,W \cdot 0{,}002\,m^2 \cdot 100\,K}{0{,}002\,m \cdot m \cdot K} = 100\,W$$

Beispiel: 2: Stahlrohr
Stahlrohrquerschnittsfläche A = 0,0003 m^2
Stahlrohrlänge l = 0,1 m
Temperaturdifferenz ΔT = 100 K

$$I = \frac{45\,W \cdot 0{,}0003\,m^2 \cdot 100\,K}{0{,}1\,m \cdot m \cdot K} = 13{,}5\,W$$

Beachten Sie die Zahlenwerte in den Beispielen. Die Verluste durch Wärmebrücken sind nicht zu unterschätzen!

Temperaturstrahlungsverluste

Jeder Körper, der eine höhere Temperatur als seine Umgebung hat, strahlt Wärmeenergie ab. Die Strahlungsleistung P (in Watt) berechnet sich wie folgt:

$$P = S \cdot \varepsilon \cdot A \cdot (T_s^{\,4} - T_u^{\,4}) = 5{,}67 \cdot 10^{-8} \cdot 0{,}7 \cdot 0{,}01 \cdot (500^4 - 300^4) = 22\ \text{W mit}$$

S Strahlungskonstante des schwarzen Körpers $S = 5{,}67 \cdot 10^{-8}\ W/m^2K^4$
ε Emissionskoeffizient der strahlenden Fläche,
für Stahlblech mit Walzhaut z.B. $\varepsilon = 0{,}7$
T_s Kelvin-Temperatur des Strahlers, z.B. $T_s = 500$ K
T_u Kelvin-Temperatur der Umgebung, z.B. $T_u = 300$ K
A Fläche des Strahlers, z.B. $A = 1\ dm^2 = 0{,}01\ m^2$

Es ergibt sich ein Strahlungsverlust von P = 22 W. Eine Abschirmung der heißen Oberfläche wäre vorteilhaft.

Schwungradmasse

Wie auf Seite 171 erläutert, beträgt die Wärmezufuhr pro Umdrehung W = 12,5 Ws. Die Rotationsenergie des Schwungrades, aus der die Kompressionsarbeit aufzubringen ist, sollte größer als diese 12,5 Ws sein, zuzüglich dem Ungleichförmigkeitsgrad δ der angekoppelten Maschine ($\delta_{Propeller} = 1/30$; $\delta_{Generator} = {}^1/_{100}$ bis ${}^1/_{300}$).

$$W_{rot} \geq W_{zu} = \frac{I \cdot \omega^2}{2}$$

$$I = \frac{2 \cdot W_{rot}}{\delta \cdot \omega^2} = \frac{2 \cdot 12{,}5\ Ws \cdot s^2}{\frac{1}{150} \cdot (2 \cdot \pi \cdot 20)^2} = \frac{25\ kg \cdot m^2}{105{,}3} = 0{,}237\ kg \cdot m^2$$

mit f = 20 Umdr./s; $\omega = 2 \cdot \pi \cdot f = 125{,}7$; $\omega^2 = 15781$; $\delta = {}^1/_{150}$ (Generator).Das Massenträgheitsmoment eines Zylinders mit dem Radius r = 0,2 m wird berechnet:

$$I_{zyl} = \frac{m \cdot r^2}{2} \qquad m = \frac{2 \cdot I_{zyl}}{r^2} = \frac{2 \cdot 0{,}237\ kg \cdot m^2}{0{,}04\ m^2} = 11{,}85\ kg$$

Messung und Messgeräte

Wie in der Einleitung beschrieben, ist es hilfreich, zur Optimierung des Stirlingmodells die Temperaturen auf der heißen und der kalten Seite sowohl innen als auch außen am Zylinder zu messen; weiterhin ist der Druckverlauf in Abhängigkeit von der Kurbelstellung interessant und für die Leistungsmessung sind die Drehzahl und das Drehmoment zu bestimmen. Die mechanischen Verluste werden mit 5% angenommen.

- Die Messung der Temperatur erfordert ein Messgerät mit einem Thermoelement mit sehr kurzer Ansprechzeit (z.B. im Katalog der Fa. Conrad Electronic, 92240 Hirschau).
- Zur Messung des Druckverlaufs im Zylinder in Abhängigkeit von der Kurbelstellung sind eine sehr schnell ansprechende Druckmesssonde mit Elektronik und ein Oszillograph notwendig. Die Kosten dieser Geräte sind für einen Hobbybastler in der Regel zu hoch.
- Zur Messung der Drehzahl sind optisch-elektronische Messgeräte sehr praktisch; Kosten: etwa 50 € (siehe z.B. Conrad-Electronic-Katalog).
- Die Nutzleistung im 25-Watt-Bereich wird mit Hilfe eines Bremsbandes gemessen (siehe Abb. 140). Die Gewichts- und Federkräfte ist so zu wählen, dass der Stirlingmotor bei der eingestellten Drehzahl, die ebenfalls zu messen ist, gleichmäßig rotiert.

Ein Beispiel:

$$P = (F_g - F_f) \cdot 2 \cdot \pi \cdot n \cdot r = (10 - 8) \cdot 2 \cdot 3{,}1416 \cdot 20 \cdot 0{,}1 = 25{,}1\ W \quad \text{mit}$$

P Motorleistung in W
F_g Gewichtskraft in N; im Beispiel $F_g = 10$ N
F_f Federkraft in N; im Beispiel $F_f = 8$ N
n Motordrehzahl in Umdrehungen/s; im Beispiel $n = 20\ s^{-1}$
r Reibradius in m; im Beispiel $r = 0{,}1$ m

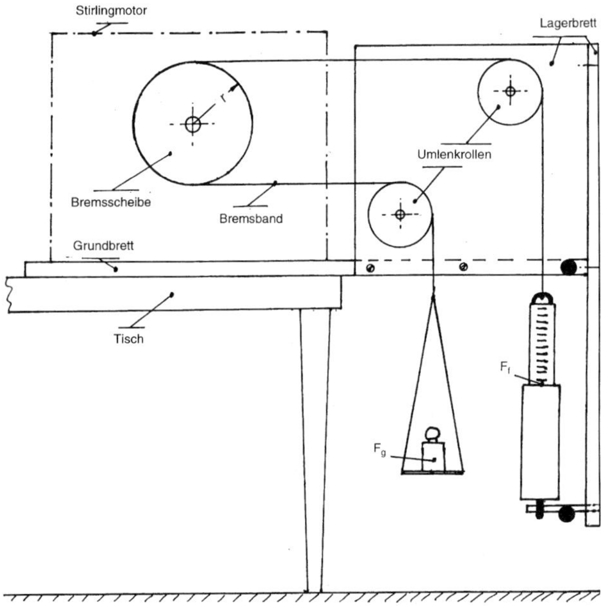

Abb. 140: Versuchsaufbau zur Leistungsmessung

Weitere Bücher im ökobuch Verlag

Gottfried Häfele, Wolfgang Oed, Ludwig Sabel

Hauserneuerung

Instandsetzen - Renovieren - Modernisieren: eine Anleitung zur Selbsthilfe. Das Buch beschreibt ausführlich den behutsamen, handwerklich sachgerechten und umweltverträglichen Umgang mit alter Bausubstanz. 237 S., 200 Abb., 21 x 21 cm, gebunden, 2003 25,50 €

Holger König

Wege zum gesunden Bauen

Aus dem Inhalt: richtige Baustoffwahl, geeignete Baukonstruktionen mit Eigenschaften und Anwendungsbereichen, Beispiele ausgeführter Häuser, Baunormen, Bauphysik, Preise und Bezugsquellen. 264 S. m. v. Abb., 21 x 21cm gebunden, 10. Aufl. 1998 25,50 €

Othmar Humm

NiedrigEnergieHäuser

Theorie und Praxis. Von planerischen Konzepten über Baukonstruktionen, neue Produkte und energietechnische Maßnahmen wird gezeigt, wie moderne Niedrigenergiehäuser geplant u.gebaut werden. 294 S., m.v. Abb., 21 x 21 cm gebunden, Neuaufl. 1998 29,60 €

Ingo Gabriel, Heinz Ladener, Hrsg.

Vom Altbau zum Niedrigenergiehaus

Energietechnische Gebäudesanierung in der Praxis: Nachträglichen Wärmedämmung der Gebäudehülle, Fenstererneuerung, sowie Sanierung der Haustechnik einschl. Lüftung Heizung, Sanitär und Elektro. 261 S. m.v.Abb., 21 x 21 cm, geb., Neubearbeit. 2002 29,90 €

Gernot Minke

Das neue Lehmbau-Handbuch

Umfassendes Lehrbuch und Nachschlagewerk: Es zeigt Einsatzmöglichkeiten, Eigenschaften und Verarbeitungstechniken des Baustoffes Lehm. Mit Forschungsergebnissen u. Beschreibungen ausgeführter Lehmhäuser. 344 S. m.v. Abb., 21x21 cm, 5. Aufl. 2001 35,30 €

Heinz Ladener, Frank Späte

Solaranlagen

Grundlagen, Planung, und Bau von Solaranlagen zur Warmwasserbereitung und Raumheizung: Das Handbuch für Planer, Handwerker und Selbstbau-Interessierte.
265 S. m. vielen Abb., 21 x 21 cm, geb., 8. Aufl. 2003 29,60 €

Karlheinz Böse

Regenwasser für Garten und Haus

Über Techniken zur Nutzung von Grund- und Regenwasser: Wie und in welchen Behältern Wasser gesammelt werden kann, wann es gefiltert werden muß, welche Pumpen geeignet sind, wie das Wasser in Haus u. Garten richtig verteilt wird. 110 S., A5, 1999 10,20 €

Heinz Schulz, Barbara Eder, Hrsg.

Biogas-Praxis

Neben den Biogas-Grundlagen wird die Anlagentechnik mit ihren Konstruktionsvarianten ausführlich beschrieben; Kapitel über Planung, Kofermentation, Hygienisierung und ausgeführte Anlagen runden das Buch ab. 187 S. m. v. Abb., 21 x 21 cm, 2. Aufl. 2001 25,00 €